我和公關
有個約會

U0130648

黃守東
葉家寶
著

自序一

從「樂趣」中學習「公關」
葉家寶

　　成功的公關，深信與每個人的性格有直接關係，有些人天生就是公關的人才，加上後天的一點知識及經驗，造就了他在公關的發展。

　　我在浸會學院（現正名為香港浸會大學）就讀傳理系時，學系下分電視廣播、廣告公關、新聞、電影四個專業，我選擇了電視廣播專業。所以一畢業便一直在不同的電視台和製作公司負責有關節目製作的工作。由第一份在《歡樂今宵》做資料搜集的工作，已兼備了一些公關的角色，因為很多時要接待訪

問的嘉賓到錄影廠，或要得到一些節目的資料，都要與各機構的公關部門接觸，久而久之，亦培養了一份公關的觸覺。

在富才製作及亞洲電視工作時，接觸記者的機會多了，因要發放節目的資料及亮點。久而久之我與很多記者稔熟，慢慢還變成好朋友，有空時還一起吃飯茶聚，風花雪月。直到我2005年第二次進入亞洲電視工作時，當時除了負責製作部外，還掌管藝員部及公關及宣傳部，便正式進入公關的領域。

在亞視做公關，很多人都說不易為，因始終在慣性收視的影響下，很多藝人及節目都被忽略，故每一次的公關活動都要花盡心思，絞盡腦汁去設計鋪排，才能在報章上佔到較重要及較大的篇幅。那時每天早上管理層都收到剪報報告，還會分析有多少則新聞佔了頭條及所佔的篇幅大小，這都是衡量每一天工作成果的指標。久而久之，這又是一段訓練自己在公關宣傳領域前進的一個好時機。

直到在亞視結束免費電視廣播前的最艱難時期，由於要讓公眾更清楚了解亞視每一天的進展，我在公關部主管黃守東的

安排陪同下，差不多每天都與港聞版及娛樂版的傳媒接觸，發布亞視的最新進展，並出席很多電視、電台及網台的訪問，最經典的要算是我以亞視執行董事的身分，於友台無綫電視的節目《講清講楚》亮相，接受吳璟僑的訪問。畢竟那時的亞視危機，已經是一個全港關注，甚至是全球華人關注的新聞，慢慢自己亦成為了亞視的「Icon」。直到現在，很多人還來恭喜我亞視「復活」，以為我仍在「新亞視」工作。

這次我與黃守東一同合作撰寫《我和公關有個約會》一書，就是將我們在公關領域的實際實戰經驗，與各位讀者分享。我們不會大談理論，而以一段段鮮活的例子及經歷，讓大家體會公關的奧秘，同時亦了解公關背後鮮為人知的一段段故事，從「樂趣」中學習「公關」！

葉家寶
2018 年 夏

自序二

我和我的亞視
黃守東

　　我是一個自小看亞洲電視節目長大的「80後」香港人，我常常用「緣份」來形容我與亞視的關係，我深信自小對亞視的情意結，已種下我倆的「緣份」，致使日後於亞視危機中我願意不計較付出而只希望為亞視出力。而促使我們結緣的正正就是「公關」這個專業。

　　在大學修讀新聞和公關專業時，我也沒有想過會和亞視結緣，因當時到亞視實習需要「過五關斬六將」和具備相當的素質才能跨進亞視的大門，或許世事本當如此奇妙，正是如此奇

妙的冥冥中安排才能稱上「緣份」。作為一位對亞視有深厚感情的「亞視迷」而言，能夠加入亞視的大家庭成為「亞視人」，而且更有機會陪伴她走過開台以來最大的危機，實在是我的榮幸。在亞視的這些年，公司對我的栽培之恩不敢忘，亦不能忘，所有的片段都歷久常新，教我甜在心頭。

　　人說亞視公關不易為，試問天下間又哪有易為之事？這份不易為的公關工作讓我經歷、讓我歷練、讓我成長，亦把我從一個公關實習生變成於免費電視廣播年代最後一個為她上陣的將軍。在我負責亞視公關工作的年代，有一種很強的感覺是處於大時代的風波中，很希望能夠為亞視出力。這份工作又教曉我什麼是勇敢和擔當，在公司面對危機之時亦正是公關需要勇敢上陣之時。而我相信鼓勵我堅持的，除了是那份「相信你，再努力一次！」的信念外，相當程度是背後那份屬於「亞視人」專有而獨特的「亞視情」，這份「亞視情」亦教我將亞視看待成「家」一樣，亦可以說亞洲電視，已是我的亞視。人們常說「亞視永恆」，我覺得「亞視人」的那份「亞視情」亦必定是永恆的，這份「亞視情」亦將使我們永遠連繫在一起。

要對亞視說的話實在太多了，印象很深的是曾有傳媒邀我寫一封情信予亞視表達我的感情，那時腦海立馬出現好朋友蔣嘉瑩主唱的《假如真的再有約會》的歌詞。雖然我和亞視至今未能再有約會，但我總相信「緣份」的微妙安排。我和亞視當日的約會可以說是因為「公關」而成的，而「公關」工作亦讓我與葉家寶先生能夠聯繫成「約會」。

　　在離開亞視後的日子，一直很想執筆為當日的經歷留下一份紀錄，亦很想把這些年所認知的公關專業和經驗與大家分享。然而由於新的工作和變化，以及時機等等的原因一直未能成事。在已離開亞視兩年的今天，我相信會是適合的時機與葉先生一同撰寫此書，亦希望藉着「公關」與大家來一次「約會」，遂使《我和公關有個約會》一書面世。

　　朋友們問我《我和公關有個約會》中會否披露一些不為人所知的內幕，我可以說書中所描述的都是我個人於事件上的認知、感受與看法，以及一些已公開資料的描述，當中需要保密的地方我亦必然恪守我的專業。我亦相信每一個人對於亞視當日的危機事件和當中一些具有爭議性的人物，都會有獨立思考

判斷和看法。而此書是我個人經歷的回顧，在我的認知中每位人物縱然於危機中有不能推卸的責任，然而在另一時間和層面而言亦有他們的相當貢獻，故此對於某些人物和事件，我覺得也必須按我第一身的認知和感受而落筆，希望能夠客觀地還原當天我所處的身位中，將我所見到的和所感受到的，與大家分享。我作為公關界人士，亦深明在公關層面乃至危機管理上，沒有一套單一的必勝方程式可以永遠套用，故此我和葉先生著筆的都是我們的經驗分享。每一次的危機管理和公關事件，都需要因應實際的情況去判斷和處理，只希望我們的經驗，能帶給大家一點參考意見，誠足所願矣！

《我和公關有個約會》得以成書，實在感謝各位好前輩及好朋友們於百忙中抽空為本書撰序，在此再三謝過。其實要說感謝，我在亞視一路走來要感謝的「老闆」、前輩和朋友實在太多：多位投資者對我的賞識和信任；以至我的列位直屬上司包括林淑兒小姐、區展程先生、戴達強先生、雷競斌先生、葉家寶先生和馬熙先生的提攜、指導和關顧；還有不能少的當然是願意陪同我一起作戰並走過亞視危機的好團隊伙伴，亞視公關及宣傳科的好同事 Kennis、Katie、Mic、Nick 和 Jessie，沒

有大家當天的協力支持，我們亦不能走過一個又一個的難關，
您們都是最好的亞視公關。

人生在不同的階段總有不同的美好風景。走過亞視的危機，
我總相信下一頁將會更加精彩，前面的人生旅途亦將無限美好。
在此祝願「新亞視」取得成功之餘，亦祝願我所有「亞視人」
兄弟姊妹們，有如我當天在亞視免費電視服務停播後對傳媒的
那句發言：「經得起波濤，更感自傲！」大家都能夠更勇敢而
昂首闊步地，迎接更加精彩的人生！

黃守東
2018 年 夏

目錄

CHAPTER THREE 我的公關

CHAPTER FOUR 危機公關

危機公關 —— 葉家寶篇

CHAPTER FIVE 我與公關

後記

CHAPTER ONE

朋友說公關

兩位作者朋友的序言

優秀公關的佼佼者

盛品儒
江蘇省政協委員
杉杉創投香港區合夥人
前亞洲電視執行董事

　　我離開亞洲電視轉眼間已過五年，回想起當初風風雨雨的日子感受良多。今天獲兩位亞視時的好同事葉家寶和黃守東邀請，為兩位的作品《我和公關有個約會》寫個簡單序章，倍感榮幸。

　　我覺得公關是一把雙面刃。如果公關工作處理得好，小事如花邊新聞或大事如公司危機都可以迎刃而解；相反如果公關工作做得不好，則可讓本來的小小狀況變成「公關災難」，造成影響嚴重的後果，例如公司品牌受損或重大危機等。所以一個好的公關必須有「危機處理」及將負面變為正面兩大技能。

　　今次撰寫《我和公關有個約會》的家寶及守東正是優秀公關的佼佼者。回想年前亞視危機處處，家寶以執行董事的身分帶領同事們力挽狂瀾，全心全力為公司和同事們設想，亦希望讓亞視有一個機會走出谷底。其後更因出任執行董事職務時公司欠薪而令個人惹上官非，可是深受「亞視人」支持的家寶卻有大批的亞視職藝員同事到法院支持，反映出家寶的個人公關魅力。我在亞視出任執行董事崗位時，與家寶有數年的相處，

熟知家寶的為人。我覺得家寶作為亞視其中一位僱員，實在為亞視犧牲太多了，亦充分表現出家寶對於亞視的那份真情。

另一位我非常欣賞及讚賞的公關，就是被傳媒冠以「亞視暖男」和「亞視最後發言人」的黃守東。我在亞視時已與守東認識，印象中他是一位盡忠職守的好同事。在亞視免費電視廣播的最後日子裏，亞視所有對外事務均由他一人處理，這位年輕同事面對風風雨雨及負面消息時都勇敢擔當，應對傳媒一派鎮定清晰清楚，談吐邏輯亦見大將之風。如果是普通公關或「打工仔」，面對如此危局應早已辭職而去。「疾風知勁草，板蕩識忠臣」守東如此具有擔當的公關，社會少見，「亞視暖男」當之無愧！

如今亞視以 OTT 的形式重生，而《ATV 亞洲小姐競選》亦重新復辦，祝新亞視取得成功，再創高峰。也祝家寶和守東兩位非常稱職的管理人員及公關，前程錦繡！我亦相信大家在《我和公關有個約會》上可以學得更多公關絕學！

難能可貴的公關秘笈

陳志雲
資深傳媒人

　　家寶兄可以說我的前輩，我於1994年才加入無綫工作，他卻早於1978年已加入無綫，比我足足早了十六個年頭。雖然大家同是在傳媒行業打滾，但彼此從來沒一起共事過。我加入無綫的時候，他已經去了亞視。到最近我為亞視主持《百萬富翁》節目時，他早已離開了這個他曾經鞠躬盡瘁的娘家，彼此始終是緣慳一面。

　　反而我跟家寶與阿東交集最多，就是在亞視正值最風雨飄搖之際，我在商業電台雷霆881所主持的《在晴朗的一天出發》節目，不只一次邀請他們上來，為當時被外界形容為窮途末路，四面楚歌的亞視解畫。一般員工被欠薪，當然可以埋怨甚至罵公司，市民網民不滿亞視，可以冷嘲熱諷去痛斥。但家寶跟阿東，作為公司的管理層及公關要員，雖然本身也是受害者，但不能有怨言之餘，還要跑出來為公司護航解畫，可以想像他們當時承受的壓力。

　　我在無綫工作的時候，也曾兼任外事部總監一職，慶幸無綫是一家財政健全、管理制度良好的公司，所以外事部面對的

只是小風波。但我絕對能理解家寶跟阿東，當時有話不能講，無理硬要撐的困境。

在《公共關係學》中 Crisis Management 是非常最要的一環，風平浪靜的日子，你不會感受到公關的重要性，但面臨狂風暴雨的時候，公關就等於一把傘，去捍衛公司。

公關學大師 Ivy Lee 曾經講過〝Tell the truth, because sooner or later the public will find out anyway. And if the public doesn't like what you are doing, change your policies and bring them into line with what people want.〞。

但所謂知易行難，要向公眾開誠布公之餘，又不能吞吞吐吐，留下尾巴讓人窮追猛打去自掘墳墓，其實是一門高深的學問。君不見近年接二連三的公關災難事件，就明白公關不易當這道理。

在金庸《笑傲江湖》小說中，有一位人物叫風清揚，他在思過崖傳授絕世武功《獨孤九劍》給令狐沖，獨孤九劍重點是「敗中求勝」，那是從失敗中吸取經驗而創造的招式。

從成功大企業學到的公關技巧，可能太多人早已耳熟能詳，但從一家每天也充滿危機的企業中，所面對到的切身經驗，絕對是一本難能可貴的公關秘笈。

公關高人

車淑梅
香港電台節目主持
資深傳媒人

每次在新聞報道看到記者對受訪者窮追不捨的情景,我總會想起兩位高人,一位是資深傳媒人,服務傳媒工作40年的葉家寶,另外一位也是他的好拍檔,亞洲電視最後發言人,暖男公關黃守東。

當遇上公關災難,受訪者大多表露出驚惶失措,欲蓋彌彰的神色,更惹疑雲,記者職責所在必定要設法撕開假面具,追查直相!葉家寶和黃守東常掛在口邊:「記者是朋友並非敵人,他們為着工作所需,所以不可無事不登三寶殿,平日一定要建立良好關係。」

最近兩位高手合作推出《我和公關有個約會》教曉大家如何在危機中應對傳媒,例如要腦袋清醒,表達清晰,不能講大話,不回答假設式的提問,留意自己的態度、神情和語氣,因為隨時會出賣了自己等等,妙法多多。

我一直想他們應該開班授徒,因為如果領導層、發言人及公關大臣首先學會處理危機的公關技巧,凡事處變不驚,大有機會化險為夷,但在兩位未開班之前,這本《我和公關有個約會》可視之為天書,活學活用,熟讀傍身!

難上加難的公關

曾錦強

The Bees 創辦人及行政總裁
資深廣告人

　　葉家寶是我的前輩，只從媒體報道上認識他，印象中是一個有承擔的管理人員，因為在亞視的最後歲月，負面新聞多多的時候，總是他出來解畫，後來還因為亞視欠薪惹上官非，讓我發現原來出錢的老闆欠薪，要讓打工的員工承擔，打工原來也不一定是穩健的選擇。

　　黃守東是我的學生。2007 至 2008 年，我在樹仁大學教了兩個學期，阿東就是我在 2008 年教的學生。印象中他文質彬彬，比同齡的學生成熟，但卻非常好學，會下課後問我問題。畢業後沒有太多聯絡，只知道他入了亞視，並且在亞視最後歲月中擔當重要角色，贏得「亞視暖男」的稱譽。

　　兩人在亞視合作的歲月，正正是亞視公關災難頻仍的時候，股權更迭、股東不和、財政危機、拖欠薪酬、續牌失敗等等，人家要花好幾十年才經歷的事情，他們在短短幾年間都經歷過，而且他們都處理得很好。亞視當年雖然經營不善，但他們倆在公關上卻經營得非常出色。

經營公關很難，經營傳媒的公關更難，因為傳媒在廣義上都是他們的競爭者。經營亞視的公關是難上加難，他們遇到的危機，是很多公關人一輩子都不會遇上的。他們合著的《我和公關有個約會》，以局內人的身分，重溫當年亞視的公關危機，他們的處理手法，累積到的經驗，對於有志投身公關的年青人，甚至是已經成為局中人的行家，都彌足珍貴。

亞視公關說公關

鮑起靜
第 28 屆香港電影金像獎最佳女主角
藝人

　　葉家寶（家寶）和黃守東 (Jeff) 都是我在亞洲電視時認識很深的好同事，欣聞兩位撰寫《我和公關有個約會》一書，將他們的公關經驗和大家分享。

　　其實家寶是我多年來的上司，因為家寶在亞視曾經主管藝員部及製作部多年，實際上是我的部門主管。從和家寶的相處接觸中，完全感受到他為人和藹可親，對我們藝人亦十分體貼，是一位在亞視大家庭中人所共知的「好好先生」。亞視多年來經歷過不少的風雨，在一些艱難的時刻家寶往往會為着我們藝員的利益挺身而出，在老闆們面前替我們藝員合理發聲。

　　我和家寶除卻工作關係外亦是很好的好朋友，我和他一同經歷的片段太多，都是我們朋友間很開心的回憶。站在朋友的角度，我完全感受到家寶對於亞視的那份熱愛，尤記得年前亞視危機中他因不願放棄亞視和好同事們，而令自己因公司欠薪被告上法庭，我當時亦二話不說往法庭支持這位好朋友。家寶這位「亞姐之父」，憑藉他對亞視的熱愛和付出，絕對稱得上是亞視歷史上其中一位最具代表性的象徵人物。

Jeff 是一位我很喜歡的年輕人，他在我心目中的印象是非常好的。記得當年我看着他初出茅廬以公關實習生的身分到亞視工作，安排我出席過不少的公關活動。在亞視免費電視廣播的最後階段，雖然我已離開亞視，但還是十分關注亞視的情況。我在電視新聞中常常看到 Jeff 代表亞視受訪發言和應對傳媒，這位「亞視暖男」亦是亞視最後的代表性人物，當時我們要得知亞視的情況，基本上都是從 Jeff 的訪問中所得知的。

我對 Jeff 還有一個很深刻的印象，就是他非常忠於他的工作。我在亞視的日子裏，每每於活動後接受傳媒訪問時，Jeff 都會在我身邊打點安排好，事前亦會作簡介和回應建議給我們藝員同事，是位非常盡責的好公關。

在我於亞視的日子裏，不少的時候都是伴有風雨和危機的，這個情況讓我覺得公關對於亞視而言是特別重要的。無論是老闆的更替或公司情況有所變動時，我們藝人某程度上都是代表了公司，許多時候我們都不太具體掌握有關情況或是應該如何回應傳媒提問，才能有助傳媒對公司的情況作出正面的報道。這個時候公關同事都會統籌全局，於事前為我們作出講述和建議，讓我們都有安心的感覺。

亞視的不少危機，對外都是由公關上陣處理「拆彈」的，所以由家寶和 Jeff 兩位經驗豐富的亞視公關大員來說公關，我覺得是最適合不過了。

亞視情

陳啟泰
藝人

　　亞洲電視是一個很特別的地方，她在逆境中常常能夠憑上下一心打出一場漂亮的「爭氣波」，這亦成就出一份屬於「亞視人」獨特的「亞視情」。

　　在亞視於免費電視停播前的連串危機中，我見到許多我的前同事們都是因為這份「亞視情」而選擇留守，希望能讓亞視挺過當時的危機。葉家寶（家寶）就是於當時帶領同事們走過危機的「精神領袖」，當時雖然我已離開亞視，但亦有留意亞視的新聞和同事們的消息，也不禁佩服家寶於當時帶領同事們「迎難而上」的勇氣。我和家寶是相識多年的好同事、好朋友，多年來我們就亞視的不同節目、招商項目和晚會等，於香港及內地多處合作完成過不少的活動。

　　家寶給我的印象是擁有溫和的性格，待人處事總是不慍不火，恰到好處。這種性格讓他能夠廣結人緣，亦讓他在亞視遇上前所未有的危機時，能夠成功凝聚人心，成為同事們的「精神領袖」，讓全台上下在危機中維持着一絲走出危難的希望。我相信當天在背後讓家寶堅持的，亦是出於一份莫大的「亞視情」。

黃守東 (Jeff) 是我於亞視較後期時候加入的公關同事，我看過他在訪問中曾提到，當年前來亞視面試時曾於亞視大門遇上我，令他十分難忘。雖然我對這一幕沒有印象，但我還是記得很多我們在亞視合作的片段，包括參加每年的龍舟比賽、歷年亞姐賽事、劇集《法網群英》以及節目《撻着》的宣傳活動等等，我所認識的 Jeff 是位很負責任的同事。

　　Jeff 給我的印象是一位比較年輕的同事，在 2016 年亞視停播前的風波中，我在電視新聞中常見到 Jeff 以發言人身分會見傳媒，他的淡定發言與清晰回應讓公眾得知到亞視的實際情況，亦讓我感受到這位年輕同事的應對技巧和對於亞視的那份擔當。我知道 Jeff 是一位標準的「亞視迷」，亦對亞視有很深的感情。在危機中這位年輕人展現了對於亞視的付出與心意，亦體現出他這位「亞視人」心中的那份「亞視情」。

　　聽過行內的朋友說「做公關難，做亞視公關更難」。的確，亞視的公關從來不易為。尤其處於停播前數年的那些危局中，常常都有不少的危機爆發需要處理。我相信負責處理亞視公關工作的家寶和 Jeff 都是箇中高手，他們於《我和公關有個約會》一書中分享的經驗和技巧，必定能夠在「公關災難」頻仍的今天，為大家帶來裨益。

我眼中的「公關戰友」

黎燕珊
第 1 屆《ATV 亞洲小姐競選》冠軍
藝人

　　相識葉家寶始於我選亞姐的時候，那時他是周梁淑怡女士的富才製作公司員工，一個拿着筆記簿，很有禮貌常而「笑笑口」又工作勤快的「四眼仔」，多年後家寶已成為身經百戰的公司高層，但「笑笑口」和很有禮貌這個特點則從未改變。

　　還記得 2007 年我重返亞視，直到我再離巢，在公在私，和家寶都是無所不談的好友。不過因為當時亞視老闆的政策問題，2012 年我決定離開，家寶亦人在江湖身不由己，他比我更傷心與無奈，深深記得踏出亞視前，彼此以一個依依不捨的擁抱來惜別，一切都心照。

　　不過換個角度看，家寶沒有當天的低谷，也不會成就了他今次能在「影音使團」的事奉與發展。這是上天給他最大的祝福及安排，當中自有神的美意。

　　在亞視「熄機」前的時候，每天面對亞視境況如「過山車」起落，葉家寶和黃守東兩個人一條心，對內對外都力保住亞視這個招牌，不想讓它倒下。這個歷程相信很多傳媒都和他們一起經歷，在亞視「熄機」前，家寶總讓傳媒有「功課」交，必

有料給大家寫，而守東更顧及大家日曬雨淋而細心安排。

　　在我眼中，一位電視台歷代高層和「亞姐之父」加上一位「暖男公關」，葉家寶和黃守東堪稱是「公關戰友」，這些都是他們的難得回憶，希望很快見到兩人再次並肩作戰的一天！

精彩的「約會」

朱慧珊
第 1 屆《ATV 亞洲小姐競選》和平小姐獎項得主
藝人

　　什麼是「公關」？相信在一般人眼裏，公關就是俊男美女、衣著整齊、對什麼人都要面上掛着笑容。若能擁有以上的條件，當然可以加入公關的行列，但要在這行列中取得成功的表現，令人印象深刻，恐怕就不只那麼簡單了。

　　多年來，我在工作上遇到過很多公關朋友，包括政府部門、傳媒、大機構或國際品牌。若要數出色的公關人物，只怕沒有幾個。

　　當知道我的兩位前亞洲電視同事，葉家寶先生（家寶）和黃守東先生 (Jeff) 合作撰寫《我和公關有個約會》這本書，第一反應是：「太對了！」他們不但可以把多年以來，在公關領域的經驗技巧，真知灼見紀錄下來，更可以給有意加入公關行列的朋友一些指引和啟發。

　　Jeff 就是前亞視的公關大員，我們一起經歷了亞視最艱難的時刻，也就是這段艱難的日子，把 Jeff 的公關魅力和內在潛能發揮到極致。這位「亞視暖男」亦成為亞視的代表人物，成

功的公關。

　　若論到「神」級的公關人物，非家寶莫屬。他「神」在公關並非他的工作，而是昇華成為一種象徵。雖然家寶曾經帶領過亞視的公關部，我和他在亞視共事的這些年，他大部分時間都是管理公司行政和節目製作，但亞視的對外事務，事無大小都要他出馬，就連傳媒要採訪關於亞視的新聞，必定會找家寶發言，他就是亞視的「大公關」，也可以說是公關的最高境界。

　　今次實在太榮幸能為家寶和 Jeff 這本著作寫序，以他們的個人魅力，豐富的工作體驗，這個「約會」必定很精彩。

精彩的實戰公關經驗

姜皓文

第 37 屆香港電影金像獎最佳男配角
藝人

　　我是亞視出身的藝人，和許多離開了亞視的同事一樣，無論我們走得多遠，心裏始終都會有一種感覺，就是將亞視當成是我們的「娘家」。

　　一般電視台於傳媒報道中曝光率最高的人士，都是當家的藝人小生花旦。可是我的「娘家」亞視於年前接近免費電視廣播服務期結束的時間，曝光率最高的是兩位管理人員，亦是我在亞視時的好同事葉家寶（家寶）和黃守東 (Jeff)，那是由於當時亞視正面對開台以來最大的危機，兩位需要天天對傳媒解畫回應。雖然當時我已離開亞視，亦忙於多套電影的拍攝工作，可是每當我於新聞上看到關於亞視的新聞時，看到家寶和 Jeff 為亞視的危局作應對時，總會想為兩位送上一句加油。

　　家寶於亞視曾主管多個部門，包括藝員部和製作部。每次家寶到錄影廠探班或出席公關活動時，都會問候我們藝員的情況，是一位懂得關心和重視藝員的管理層。我對家寶其中一個比較深刻的印象是，他時常會代表公司對傳媒發言推介公司的節目，遇上危機或其他狀況時，都會由他向傳媒朋友作出通報，

名符其實是亞視的「大公關」。

Jeff 是位年輕上進的公關同事。記得約 2009 年時他剛畢業初到亞視，協助時任公關部助理總監 Gilbert 的工作。當時亞視的節目《香港亂噏》受到觀眾關注，各大傳媒天天到亞視總台「跟廠」採訪現場直播的節目，那時候 Jeff 亦每晚負責傳媒「跟廠」採訪的工作，讓更多的觀眾認識我們的節目。我於《香港亂噏》節目中飾演「梁國紅」一角，有次 Jeff 陪同我和當時的立法會議員、「梁國紅」的原型人物梁國雄先生，一同接受傳媒專訪。當時真假「長毛」同場，是場十分有趣的訪問，亦是我和 Jeff 合作的有趣經歷。

今天很高興有機會為家寶和 Jeff 的作品《我和公關有個約會》撰序。亞視許多時候都面對不少的公關危機，兩位亞視「大公關」的難忘經歷和寶貴的危機管理經驗，必定是精彩而具實戰的參考價值。

人生怎可沒公關？

袁文傑
藝人

　　我在亞視的日子裏，和很多的同事們都有合作愉快的日子，前執行董事葉家寶（家寶）和公關發言人黃守東（阿東）即為其中兩人。

　　我認識家寶早於我加入亞視之前，這裏有一個小故事想與大家分享。記得多年前我出於對音樂的熱愛，曾於灣仔一家唱片店當過售貨員。那時候，間中會有一位衣著頗具品味、西裝筆挺且架着眼鏡的男士，常於晚上舖頭臨近關門時到來揀選唱片。這位男士溫文而有禮，我不時提供一些唱片的資訊讓他參考選擇，又會讓他試聽一些他正在猶疑選購與否的唱片，一般試聽過後他都會決定購買。作為售貨員而言，遇上這類型的顧客感覺是最舒服的。

　　某天我在家收看電視，看到亞視的某個綜藝節目裏，鏡頭捕捉到一位臉孔熟悉的男士，難道 …… 好奇心讓我於唱片店再遇上他時向他問過究竟。在我禮貌地問道他是否電視台高層時，他笑而不語，這其實也是一種默認。這位男士更回了我一句我至今仍然印象很深的說話，就是：「你有興趣過來試試玩玩嗎？」

那時我雖然已經完成了無綫電視的訓練班，亦有拍攝一些廣告作品，但那一刻我亦只報以微笑回應，這事亦沒有再進一步的發展。不久之後唱片店由於經營困難而結束，我與他的緣份亦暫止於此。這位男士正是家寶，在後來我加入亞視後，緣份的安排下我們又有不少的合作。而我認識的家寶，一如當年的第一印象，是一位溫文有禮的管理層。

我對阿東的認識是由於當日在工作上的合作，記得他初到亞視時予我的印象是比較內向而帶點靦腆害羞，可是由於我們的行業需要很多的爭取和主動，所以有一刻我也想過他是否適應此行業呢？那時候他也有過些困難日子，我亦見過有某些藝員同事與他說話時，語氣上的毫不留情……

後來亞視遇到經營上的危機，那時自己早離開亞視了，但亦不時關注舊公司的狀況。我更從新聞報道中側面了解到阿東的工作，見到他如何面對傳媒的質問和在鏡頭面前的回應。在關於他的報道中，我了解到他為亞視挺身而出，獨當一面應對傳媒，盡量讓大家都得到一個想要的回覆。由於傳媒日以繼夜採訪亞視危機，阿東深感一班傳媒朋友非常辛勞、日以繼夜在電視台門外等待，因此他便做出了很多窩心的行為，這亦為他贏得「暖男公關」的稱號。阿東也是受害者，但人生最難得之一件事，是那管自己深陷困境，仍在顧及他人的感受！

公關行業常予人着重門面和帶有推搪的印象，故公關工作可以說是讓人不滿意的時候總比讓人滿意的時候為多，阿東的表現卻近乎百份之一百讓所有人都感到滿意。那時候我覺得這

個人與我當初認識的已完全不同，幾可說是兩個人，我相信這是在亞視多年的歷練和危機將人的潛能逼出，並使人快速成長。

我與家寶和阿東都是永遠的好朋友，我很希望不久的將來我們可以再有並肩合作的機會。我亦十分高興兩位藉《我和公關有個約會》一書分享他們於行業上的所見所聞和公關專業技巧。在今天複雜多變的社會，試問我們的人生怎可沒公關？所以我相信《我和公關有個約會》對每一位於社會上立足處世的朋友而言，都是一個相當有益的「寶庫」，我希望此書可以得到更多朋友的關注。

我認識的家寶與守東

譚衛兒

《南華早報》總編輯
前亞洲電視新聞及公共事務部副總裁

　　家寶和守東出書，找我寫些感受，他們都知我為人：我一向以為記者和公關是做着完全相反的工作，再者我從不喜歡對他人評頭品足，猶豫了好一陣不知如何下筆。最後答應了，只因在我心目中，我們都曾是「亞視人」，更是在那段亞視最困難的日子裏共過事的好同事。

　　家寶的名字我很早聽過，但他是管節目的，而我多年只是獨沽一味做新聞，所以我們的直接接觸，是直到2007年下半年，我在分別轉到無綫電視及有線電視工作多年後，再重返當年出道的娘家亞視出任新聞總監，有幸重遇以往的上司，並與新聞部新、舊同事再一齊打拼，由此每周的管理會議或因公司事務與家寶常見面。但凡討論外間對亞視這樣那樣的評價，或節目上的種種內、外問題，他永遠掛着笑容，一副「閑庭信步」的感覺。

　　守東是神奇小子，我在樹仁大學兼教多年，數年前的一天，有位同學下課時對我說，他很希望能選修我任教的「中國新聞報道」科目，但因班中學額已滿他只能來旁聽，並請我破例多

收他一位學生，我亦同意了。不久我在亞視見到他，原來他加入了亞視公關部。在亞視面對種種危機的那些日子，看着他從一位黃毛小子蛻變成一員大將，很替他高興。

從容、臨危不亂，是應對一切危機的首要，家寶和守東就是這樣的人。今天我們各有所忙，這本書卻把我們又聚在一起。相信讀者們也定能從他們經驗分享中得益。

術與道

謝志峰

前《城市論壇》節目監製及主持
前亞洲電視新聞及公共事務部記者

　　曾是亞洲電視新聞部的舊屬，我和亞視最後階段的管理層葉家寶先生及公關部黃守東先生，雖然並無太多直接的工作關係，但憑葉先生及阿東在亞洲電視最後危亂階段的表現，與當年我在亞視新聞部服務時的亞視文化價值，甚為相同。故此，我非常樂意寫這個序言，並祝這本書一紙風行。

　　公關工作有術，更有道。術使用得好，可以使公關工作增加色彩，但稍有失當，也可能令是非顛倒，變成俗語說「欺騙觀眾」。道則有時是吃力不討好的工作，但卻公道大廈的基、柱、樑、瓦，而不光是油漆牆紙。

　　亞視數十年如果說有為觀眾留下一點回憶，皆因多在「道」字上着墨：劇集上取材自社會脈搏，新聞以真為核心，每一步都是同事的心血汗水。堅持這個「道」，要有一顆不計較個人利害，放眼觀眾得失的赤子之心。這堅持存在於亞視劇作、新聞及公關各部，如果大家仍記得《大地恩情》、「六四民運」及亞視最後的「熄機」危機。

亞視「熄機」前階段，大家每天都見到兩個人，一是管理層葉家寶先生，一是公關部黃守東先生。憑心而論，亞視的存亡興衰，又豈是一兩個受薪管理層及公關主管的力量可以改變。但葉先生及阿東每天均克盡己職，站在風口位上面對一切。由葉先生口中，我們知道到底有沒有白武士從天而降，員工家屬當晚有無米下鍋；葉先生是盡自己管理層的專業責任，維繫着隊伍服務市民，指明方向，令孤舟能知所行止。

記得當年《城市論壇》邀請阿東出席說明亞視狀況，自知這重擔放在他肩上，是有點難為了他。但他卻一派從容上陣，沒有一般公關表面西裝革履等「碼頭」，但誠懇開放，不亢不卑，按資料反映實況。

說實在，換了其他人，可能已一走了之，但亞視這個機構，往往在洶湧波濤中，出現很多「奇葩」，做一些一般人不做的事情。葉先生及阿東在前台被人看見，但還有很多人在後台默默堅持，只是不為人知而矣，否則迎接一波波的危機不會這麼「暢順」。畢竟電視廣播是分工仔細而複雜的工程。

亞視太重道，不知用術，可能是她最後消失於大氣電波的原因之一，也可能是她消失得不太難看的原因之一。

希望葉先生和阿東這本公關之作，為這行業增添一些道的觀念。香港現時太多術，不見道！

亞視危機第一手紀錄

陳興昌

前亞洲電視新聞及公共事務部副總裁
前亞洲電視新聞主播

　　葉家寶（家寶）和黃守東（Jeff）是我在亞視緊密的合作夥伴，家寶是我在培正的學長，Jeff 是我在樹仁的學弟。

　　在亞視風雨飄搖的最後階段，我很感謝他們一直守護和支持仍每天運作的新聞部，讓新聞部一次又一次度過危機，包括報道轉讓亞視股權予王維基的那場風波。

　　家寶身為執行董事帶領亞視全人，面對每天不斷出現的各種管治問題和不利消息，他靈活運用各種公關手段去保護亞視和爭取各界支持，今次這本書絕對是當時危機處理的第一手全紀錄。

　　記者出身的我只懂做訪問，第一次受訪是在 2016 年 2 月亞視新聞因人手不足而暫停的時候，當天在 Jeff 陪同下代表亞視出席港台新春團拜，記者定會追問何時復播，Jeff 提議我主動以誠懇態度回應，要讓各界了解到人手不足的現況，但又感受到希望盡快復播的決心，實在感謝 Jeff 的提點。

回望過去合作的點滴，他們每次說出的，都一定是公開透明情況下，能透露多少就透露多少的事實，兩位都切實地以誠懇的心，有擔當的態度去面對傳媒，解決一個又一個危機。

　　衷心祝願兩位日後機遇處處，處處轉危為機！

有養分的小錦囊

李家文
香港樹仁大學新聞與傳播學系副系主任兼
大學外務統籌
前無綫電視新聞部助理採訪主任
前亞洲電視新聞及公共事務部實習記者

認識黃守東，是在 2007 年炎夏。

那年他是樹仁大學新聞與傳播學系三年級學生，我是第一年回母校任教的兼職講師，正職是無綫電視新聞部助理採訪主任。在電視新聞科（TV News Reporting）課堂，印象中，這位年輕人態度積極，每堂都見到他的身影，有禮又合群。

升上大學四年級之前的暑假，守東首次和亞視結緣，到公關及宣傳科實習。想到 1996 年自己在樹仁讀書，同樣派到亞視實習，不同之處，我在新聞部，十一年後就到守東往亞視公關部實習。這位小伙子嘛，成熟穩重，待人接物完全不像廿歲出頭的年輕人。在實習的幾個月，表現出眾，到 2009 年大學畢業，順利當上亞視全職公關，一直默默奮鬥至 2016 年亞視結束免費電視廣播為止。

在工作層面，大家曾以同行身分交流，不管事件是否在他能力控制範圍，守東都會盡力有誠意短時間內回覆，從不冷待傳媒朋友。對母校的濃情，盡見每年到新傳系迎新及實習營分

享，只要他身在香港，逢請必到，從不介意搞手把他擺到幾個學生的小組、或是十多廿人的大組，只要師弟妹有疑問，他一定細心剖析行內現狀。

今時今日，從事不同行業都要有心理準備面對傳媒，如何與傳媒建立良好關係，開誠布公？守東與葉家寶先生這兩位有心人的新作，正正為讀者送上有養份的小錦囊。

CHAPTER TWO

今日公關

兩位作者最具實戰性的公關經驗和
危機管理技巧分享

今日香港公關

　　「公關」在字面上的解釋稱為公共關係，在意義上是指一些與社會及公眾有連帶關係的單位，例如政府、企業、各種機構單位及組織以至著名人物等，為建立、維持、改善與社會公眾和自身相關的各持份者之間的關係，並增加他們對其認識和建立良好形象，從而令社會公眾及各持份者對自身產生正面想法，促使對自身作出消費和支持的行為，以及其他特定目的。

　　香港的資訊傳播以及傳媒行業發展成熟，資訊的高度流通性亦使香港的公關行業發展蓬勃。現時香港的公關行業最常見的劃分是內部公關及外部的公關顧問公司，內部公關即企業或機構的內在公關部門，一般而言比較具規模的企業都會設立內部公關部門，他們負責企業的日常公關工作策略與統籌，例如我們曾負責的亞洲電視公關及宣傳科即為例子。

　　一些沒有內在公關部門的企業或機構，又或是某些企業或人士因應特定的事情或項目需要，需要向外求助的話，便會邀請市場上一些專門提供公關服務的公關顧問公司提供服務。這些公關顧問公司並不單一服務某一客戶，而是應不同的客戶聘用而提供特定的公關服務。例如近年香港的行政長官選舉，各候選人都有聘用公關顧問公司，就有關選舉提供專門的公關服務。

在實際執行的層面上，現今公關的工作因應性質而言可大致分為以下範疇：

- 企業形象管理
- 傳媒關係建立與維持
- 企業人脈關係建立
- 危機管理
- 互聯網策劃及管理
- 政府關係
- 內部關係
- 企業社會責任
- 企業廣告
- 活動管理

公關人員除了需要具備公關學上的專業認知以及相關技能外，內部公關更需要掌握企業所處的行業情況與專業知識；而公關顧問公司亦必須熟悉客戶的行業。只有深入認識有關的行業，才能使公關人員在制訂公關策略及執行具體措施時，達致最佳的效果，而不致於淪為「紙上談兵」。例如我們出任電視台公關，便需要對香港政府的廣播政策、免費電視廣播的相關條例、本地的影視娛樂行業版圖，以至電視廣播訊號發射與接收的原理及基本情況，都要有相當的認識。因應不同的行業專業而言，公關又可分為以下類別：

- 政治公關
- 財經公關

- 醫護公關
- 科技資訊公關
- 影視娛樂行業公關
- 市場公關
- 企業或機構公關

我們簡單總結一下，無論分類如何，公關的實際工作整體上是協助企業或各單位，於傳播過程中設計、組織及執行企業機構訊息傳播，從而達致發揮建立企業形象和聲譽，以及持份者關係維持的管理職能。

謬誤公關

亞視公關及宣傳科每年都會聘用香港各大傳媒院校的學生來當實習生，我們在面試每年的公關實習生或全職崗位的求職者時，都會問問他們：「什麼是公關？」

坊間有不少朋友誤解公關工作，最常見的就是以為公關工作是衣著華麗、穿插不同上流社會或名人明星之間、每每出席高級宴會吃喝玩樂、只憑三言兩語美麗言詞便可完成工作等等。

這些是比較一般層次的謬誤，箇中的實際情況及產生誤解的原因，這裏一一解釋一下：

1. 公關工作是衣著華麗的

公關工作是與人接觸的工作，而且不時需要與客戶及外界進行會議，所以一般我們都要求同事們作較斯文端裝的打扮。稍有經驗的同事都很聰明，在公司都會常備一套男士西裝連領呔或女士裙裝，以備不時之需。這情況常見於對人的行業，公關某程度上相較企業內的其他部門，更有代表企業形象的意味。這亦是尊重自己專業的表現，所以端莊打扮較常見於公關行業。至於華麗級數的打扮，容後於下段分享。

2. 穿插不同上流社會或名人明星之間

　　有些時候公關工作是市場推廣的一環，所以往往涉及邀請不同的知名人士協助各項項目的推廣，例如邀請某熱播電視劇男主角，擔任企業新產品的代言人，並拍攝平面及影像廣告，又安排傳媒採訪該藝人等等。公關作為企業向客戶傳遞訊息的執行者，當然有不少機會接觸到名人明星，但一般而言這只涉及工作性質，而且安排與藝人明星合作的場口往往涉及不少事前溝通安排和取得共識，至現場更需要與各方臨場溝通，也算是一項繁重的工作。

3. 每每出席高級宴會吃喝玩樂

　　我們為企業或客戶傳播訊息時，往往會籌辦不同類型的餐宴及活動，藉活動達致預設的目的。而有關活動場地及形式需因應不同的品牌策略、客戶需求及產品特質而定。相對而言有較多機會於酒店等感覺較優雅的活動場地舉辦活動，所以有時會予人常常出席高級宴會活動的感覺，然而許多時候公關在活動中的角色均是統籌活動、執行流程及照顧客戶所需等，基本上不會以客人的身分出席及享受活動。這裏亦回應前面提到的華麗級數的衣裝打扮，在大部分的情況下，都是由於所籌辦的活動對出席者有特定的衣著要求，故此公關才會按有關要求穿着到場工作。

4. 只憑三言兩語美麗言詞便可完成工作

公關工作是傳播的工作，相關從業員有較佳的表達能力是必須的，如果表達能力不佳的話，那如何幫助企業及客戶表達和傳播希望發放的訊息？可是公關工作卻又不是只靠言語可以完成，為企業及客戶傳播訊息只是一句簡單的形容句子，實際上我們需要執行構思策略、籌備活動、撰寫文稿、邀約嘉賓及統籌細節等等的繁瑣事項，才能完成傳播訊息的過程。大家看到不少社交場合中公關人員與不同人士的交際，只屬於公關工作的一小部分而已。

麻煩事處理者？

我們遇過不少的朋友都不太了解公關的工作，更遑論成功操作公關策略及技巧來為企業帶來收益。他們當中有不少更是社會經驗豐富的企業管理人員，當然他們的工作經驗使他們所認知的公關工作不至於上文提及的一般層次謬誤，可是亦有不少的錯誤認知與理解。

大致上他們對公關工作有下列的一些想法：

- **企業林林總總麻煩事的處理者？**
- **能夠影響傳媒報道及公眾輿論的人？**
- **「講大話」專家？**
- **企業接待員？**

有時候公關的工作需要涉及到不同的部門範疇，舉例說某電視台的廣播系統出現故障，影響廣播而導致觀眾投訴。工程部門在技術維修完成後，後續的投訴處理及向傳媒解畫的工作便會由公關主導。這予人感覺是企業中出了麻煩的問題便由公關人員去負責處理。「危機」管理的確是公關主要的工作之一，可是卻不足以全面描述公關的工作。你以為在沒有「危機」的時候公關人員便沒有工作嗎？公關的工作包括「企業傳訊」、持份者關係管理及傳媒關係維持等，「危機」管理只是眾多工

作中的其中一項而已。

相信不少公關朋友都有遇過企業的管理層或客戶，向我們提出下列的一些要求：「叫記者同我寫好佢」、「叫記者寫大版啦」及「叫啲記者唔好亂寫」等等。公關有時候被以為是能夠輕易影響傳媒的報道方向，這絕對是錯誤的。記者、公關各有角色和工作任務，傳媒報道的興趣與方向，建基於事情的新聞性和對社會公眾的影響程度。

要讓傳媒將企業發布的消息往預期的和良性的方向報道，公關必須於事前經過全盤策劃，包括發布題材的尋找、故事角度的設計、搜集傳媒有興趣的資料、計算合適的發布時機和場口，並邀請身分恰當的人士發布等等，凡此種種均為環環相扣，公關需要有全面精準的計劃，方能讓所發布的訊息贏得傳媒報道的版面以及正面的報道方向。

至於左右傳媒報道負面消息，這涉及「危機」管理的工作，我們容後再具體分享。這裏只作簡單解釋，新聞及言論自由是香港社會其中一個重要的核心價值，即便政府又或大型企業，只要有失誤的地方便會遭傳媒報道及輿論負評。傳媒具有監察政府及社會的責任，這是斷不能由公關人員所能夠簡單左右影響的。

在面對公眾發布訊息、解釋或澄清的時候，公關人員往往會對所發布的言辭作出修飾，以達致最能表達意思、最莊重恰當、最尊重場合、最適當傳遞訊息及最符合企業形象等的效果。

這時候可能會造成一些朋友的誤解，以為公關是在編撰失實的故事以作某程度上的欺騙觀眾。這亦是錯誤的想法。

在公關工作上，持有誠信是其中最重要的一環，失卻誠信的企業及個人會在公眾及傳媒面前失去公信力，從而影響自身的形象。所以「講大話」對公關而言是一項「大忌」，無論正面訊息的發放或是負面新聞的解畫，我們都會作一定程度的包裝修飾，達致最佳的發布效果。然而這些修飾必須是在事實基礎的前題下，在不影響事實以及偏離意思的原則下所作的。

至於是否企業接待員，以我們的經驗或許可以這樣理解：公關人員的工作是與企業有關的不同持份者建立及維持關係。在許多的情況下，企業與客戶、潛在客戶、政府、民間團體以及傳媒等等的聯繫活動、互訪參觀及禮節性拜候的工作都會由公關人員負責統籌，令企業可與各持份者保持適當的溝通渠道。當然，這只是公關的其中一部分工作，不足作為對公關工作的全面描述。

理想的公關邏輯

　　不同的行業都是一門專業，每一行業都會有其特定的邏輯，公關行業亦如是。

　　除了作為公關人員必須清楚公關的邏輯外，今天作為企業的管理層亦必須具備足夠的公關邏輯，方能在最大程度上避過「公關災難」的發生和建立良好的企業形象。雖然香港的公關行業相對而言比較成熟，可是我們仍能每每於新聞上見到大大小小的「公關災難」。那麼作為企業的管理層，在公關邏輯上應該持有哪些思維？

　　我們綜合了作為企業管理層、內部公關以及公關顧問的經驗，與大家分享一些看法。

1.「公關」概念應由公司最高層開始向下推展

　　不是公關人員才要懂得「公關」，企業的管理層更需要懂得「公關」。我們遇過一些企業的管理人員，不明白公關的角色與重要性，並將公關視為公司決策定下之後的其中一個執行單位之一。這是大錯特錯的。作為企業管理層需要明白公關的重要性和具有公關的基本邏輯，於企業內建立重視對外公關的概念，並由上而下地推展，讓企業整體明白良好公關對企業的

幫助，減少中下層和前線員工犯上容易引起「公關災難」的錯誤。

企業管理層同時亦必須要有公關的思維，明白到以下數項事情的重要性：

- 企業形象與企業長遠利益的關係
- 傳媒關係建立與維持的重要性
- 傳媒的基本運作與需求
- 時下流行的網絡社交平台的互動模式

2. 公關部門負責人應為公司管理層團隊之一

愈來愈多的企業將公關部門的負責人提升職級，列為企業的管理層團隊之一，這是具有必要性的。企業行政架構上的總負責人，例如行政總裁或總經理更應是企業公關的最高負責人。

此安排有助公關部門了解企業內部的整體運作及當下情況，除了在適當時候可以為管理團隊和企業各部門提供公關意見外，即便發生突發事件，亦能及早作出補救措施，省卻或縮短了解突發事件的時間和過程，在最大程度上減輕「危機」的影響。

3. 公司各項重大決策需加入公關概念

企業管理層在制訂整體策略性計劃和作出重大決定前，聰

明點的做法是必須考慮公關提出的意見，這樣可讓企業的決定有更高的價值。如果在作出全盤計劃和決定後，方以告知的形式知會公關部門，在出現公關範疇上的問題時，只作為被知會者及執行者角色的公關部門便難於扭轉和解決，而只能以「補鑊」的方式去處理問題。這樣除了不能減輕「危機」的損害外，更會讓危機管理的措施變得「事倍功半」。

　　企業的管理層和領導者擁有理想的公關邏輯，即代表了該企業的整體，亦能擁有理想的公關邏輯，並將會大大幫助企業形象的建立和減低「公關災難」發生的機會。這亦是作為企業內部公關，最希望見到的。

公關工作的目標

前面和大家談過公關工作的重要性和必須性，那麼在具體操作的層面，在「目標為本」的社會下，公關的具體工作目標又是什麼？

我們知道企業形象的重要性，那麼公關的工作就是要替企業帶來好的「包裝」。譬如說一家連鎖快餐店企業決定以關懷社會作為未來一年的企業方針，那麼如何達致此目標呢？這時候我們便需要一點點的「包裝」，即構思所希望推廣的訊息方向，設計不同的角度並執行多方面的措施，透過不同的形象宣傳以及實質活動和工作，使有關的訊息灌輸到公眾當中，將企業包裝成關懷社會的良心企業。

以此為例子，我們可以透過內部及外部着手，內部措施可包括對內改善員工福利及待遇，增強專業培訓等；對外措施則可以舉行一系列的回饋社會活動，例如直接向慈善團體捐款、派發免費飯盒膳食餐券予有需要的弱勢人士、組織企業義工隊對社區作義工探訪及維修服務、積極提倡環保減少浪費、逆市減價或提供優惠價錢食品等，通過一系列的措施向外界宣示企業關懷社會的方向，並附上適當的傳媒活動及宣傳，將企業「包裝」成關懷社會的良心形象。

縱然企業有某方面的突出優勢與長處，在今天資訊爆炸的年代如果不經對外宣傳，並不是「有麝自然香」，而是不懂迎合社會發展作出對自己最有利的推廣。公關的其中一項重要工作，就是發掘、優化與突出現有的強項對外推廣，透過傳播過程讓外間知悉。

例如於 2012 年亞視因多年來致力引入韓國電視節目，讓公眾可以透過免費電視廣播的平台，了解韓國的生活及文化，促進了香港與韓國的文化交流，韓國政府為此特別向亞視頒發「韓國文化體育觀光部長嘉許獎」，其時我們便舉行了盛大的頒獎典禮並作廣播，並廣邀傳媒採訪報道，讓更多的觀眾知道亞視榮獲獎項及韓國官方對我們的肯定。

總結而言，日常公關工作的主要目標，就是透過長時期的形象建立，並與社會積極聯繫溝通，提升受眾對企業的認同與情感，從而影響他們的行為，作出支持及消費的行為，為企業帶來可量化的實質利潤。另一重要的工作目標就是管理企業的「危機」和處理「公關災難」，這裏容後再和大家詳細分享。

企業傳訊

　　「企業傳訊」一詞近年在公關業界上愈見出現，許許多多的企業都將內部負責公關職能的部門由「公關部」改為「企業傳訊部」，這是行業上的一個趨勢。的確，在公關職能的層面上，「企業傳訊部」除了於名稱說法上更雅觀外，同時亦更能反映公關工作的實質意義。在中國人的社會文化中，許多通俗文化都將「公關」一詞與於夜店上班的女性服務員連繫上，是故將「公關部」改稱為「企業傳訊部」將更能突顯其專業性。

　　我們嘗試用最簡單的說法，和大家解釋「企業傳訊」的工作。「企業傳訊」就是替企業向不同的目標受眾傳遞訊息。一般的情況是企業就新產品的推出而舉辦傳媒活動，藉傳媒到場採訪及報道這一傳播過程，將有關訊息由作為訊息發放者角色的企業，發放到作為接收者角色的公眾身上，再而希望透過有關的訊息催使公眾作出消費的行為讓企業獲利。

　　例如某汽水公司推出一款新品味的汽水，並舉行新產品發布會，邀請某藝人擔任發布會嘉賓作推介，並邀傳媒到場報道新產品的特色和該藝人對產品的推介說法。在有關報道刊登後，公眾藉閱讀有關報道，便能獲悉新產品推出市場，而藝人出席活動的推介亦於公眾身上產生「名人效應」，誘使公眾作出消費行為購買該款新口味汽水。

當然，「企業傳訊」所負責的工作不單單傳媒聯繫的工作。許多行業都有其不同的方法向所需要的目標受眾傳遞訊息，例如不少的機構常用的、定期介紹機構消息的「每月通訊」、上市公司的「年報」以及機構的親善活動如發電廠、巴士車廠、汽水廠的開放日或參觀活動，俱為例子。

「企業傳訊」的另一個重要的功能是負責將企業與各持份者聯繫上，並加強企業與持份者間的信任、溝通與關係。每一家企業都有其定位及品牌的核心價值，並希望透過自身的特點吸引目標受眾。在商業世界裏，不告訴別人自己的優點與長處，就好比自己沒有特色一樣。那麼在「告訴別人」的過程中，「企業傳訊」就扮演一個相當重要的角色，就是構思該說的「故事」、在企業中尋找可以說的「故事」、想想如何說「故事」，包裝好「故事」以及負責說「故事」。

例如企業重視「企業社會責任」、熱心公益慈善回饋社會和關懷員工等等，不對外說是不會有別人知道的，那麼「企業傳訊」就需要因應有關希望傳遞予公眾的訊息做工作。舉一個例子，企業重視回饋社會，我們便可以透過策劃一系列的活動用實際行動讓公眾知悉，例如組織企業義工隊往探訪弱勢社群和以企業名義參與大型慈善活動等等。亞視公關及宣傳科過去曾組織參與多次的公益金百萬行活動、與紅十字會合作舉辦捐血日、舉辦愛心植樹日及組織「ATV感動香港義工隊」探訪長者中心等等，亦是實際的例子。

企業形象與實際收益

　　一般而言，企業在商業世界上都會較着眼於企業整體的長遠利益，而非短時間的眼前利益又或是單一項目的利益。我們所討論的公關及「企業傳訊」理念正正符合這個營商思維。

　　「企業傳訊」往往希望建立企業與持份者的長遠關係，並向各持份者推廣企業良好的一面及定期傳遞訊息，目標為建立良好的企業形象。在今天高度訊息化的社會，商業競爭激烈，維持企業競爭力的其中重要一環便是建立良好的企業形象，建立了後更要長期維持。資訊的發達令消費者很容易便獲得產品的資訊與銷售途徑，這讓他們在考慮作出消費行為時，作出更多層次的考慮。而良好的企業形象正正有助促使消費者選擇有關的產品及服務，更會影響消費者對企業或品牌的忠誠度。

　　今天社會對一家企業的要求愈發提高，企業除了本身要提供高質素的服務外，公眾對企業的管治文化、管理層的誠信、員工福利與關係、環境保育的措施以致管理「危機」的能力等等都有着合理的期望，因為外在的廣告或花巧的宣傳言語往往只屬於表面，而上述各項方是真真正正反映企業的營商理念及核心價值指標，這些環環緊扣的範疇，恰恰構成了企業的形象。試想想，你於考慮消費時，會選擇一家刻薄員工、不重環保，而管理層又缺乏誠信的企業嗎？如果你選擇的話，會不會想想，

某程度上自己是不是有份製造「受害者」的「幫兇」呢？

　　在商業的世界裏，企業短期的收益及營利往往容易取得，然而一個良好的形象及企業聲譽卻需要長期的策略來建立。而長年經營打造的形象工程，是否會萬無一失呢？這裏我們引用一句「創業難，守業更難」來形容維持和穩固企業形象的工作。

　　我們看到社會上不少企業長年累月苦心經營企業形象，可是在公關的世界裏，必須時刻打醒精神，因為如果在公關策略上偶一處理不慎，多年所花功夫建立的形象隨時可以「一鋪清袋」，企業立馬從形象正面的品牌變為負面新聞的主角。

　　我們除了重視那些負面新聞帶來的損害外，更重要的是消費者容易被流通的資訊所影響，繼而對企業的品牌產生負面推敲，結果就是影響企業的產品銷量，減少企業的收益。這時候即使作廣告投放，不是事倍功半，便是適得其反，根本不能有助銷售收益。

　　所以，今天的公關工作是可以為企業帶來有形以及無形的整體性收益，這對企業的市場推廣而言亦是至關重要，亦令企業愈加重視對「企業傳訊」的投放及重視。

活動籌辦要訣

在我們的公關工作生涯中，在設計好公關策略的方向以及宣傳計劃後，便需要通過籌辦活動來達致既定的效果。這時候相當大的精神和時間便需要花在活動籌辦的過程中，這亦是不少公關人覺得最為煩人的工作部分，因涉及的單位多，細節繁複，還有最要命的不時更改，一般而言是改至「開show」前一分鐘亦會在改。活動統籌實際上就是把許許多多的資源調動和整合起來，成為一個完整的活動。我們曾經統籌過大大小小多不勝數的各類型活動，希望和大家分享一下各方面的一些經驗心得。

在定下了活動的主題及方向後，我們會有多個部分需要跟進。首先就是活動的批文，現時政府部門對活動的籌辦有相當的監管，例如活動涉及娛樂表演性質，主辦者便需要按實際的情況，向食環署申請有關的牌照，而活動中的消防安排以及佈景搭建營造等，亦會涉及消防處及屋宇署的審批。在合法舉辦活動的前提下，我們都需要就活動向有關部門申請，惟有關的審批亦需要一段時間，以「臨時公眾娛樂場所牌照」為例，有關申請時間最遲必須於活動舉辦前 42 天遞交。活動統籌者必須在構思活動前預先考慮好有關的時間安排。

活動場地的準備亦是活動統籌的重要一環。我們在選取場地時，基本有數方面的考慮。第一是場地是否合適？例如我們

籌辦一個有 3,000 位參加者的群眾活動時，便需要考慮場地能否容納有關人數；反之我們舉辦一個預計有 20 位記者出席的新聞發布會，便可能需因應情況考慮適當大小的場地，以免較少的人數於過大的場地活動而產生尷尬。而且場地的選取是否莊重合適，並符合活動的主題和希望表達的訊息，亦需要仔細考慮。

另一項我們要考慮的就是場地的交通及基礎配套是否適合。比如說在一般情況下在交通方便的市區地點舉辦活動往往較於偏僻位置舉辦為佳，這樣在參加者到場離場時均會較便捷，亦對提升參加者人數有所幫助。另外亦需要考慮場地的配套，例如是否有上蓋防止突發性下雨？有否洗手間及足夠相關人數使用？有否停車場及上落車位置供嘉賓使用？這些問題都要一一考慮顧及。

要為活動帶來氣氛，場地的各項佈置則有相當大的作用。一般來說，大會在定下主題之後，設計師將綜合主辦者的想法意見、活動的主題及其自身的專業角度，為活動設計各項所需佈景物料，再通過逐次的意見及改動來作出完善。在給予設計師指示前，必須清晰我們心中想要的效果，再和設計師作良好溝通，以免在設計師花了重重心機後卻達不到我們所需要的效果，費時失事。另外，在確定活動場地後，必須由大會負責單位、公關人員、活動籌辦執行者、設計師以及施工單位一同作場地視察，以清楚場地的實際情況，供準確預備各項佈景設施。

另一涉及的單位就是出席人員的安排。活動一般會由數個

部分的人員參與組成，包括嘉賓、參加者、觀眾和傳媒等。

　　在一般情況下，我們邀請嘉賓的時候亦需要考慮有關邀請是否合適及嘉賓與活動是否有關。例如有關教育的活動，我們可能需要邀請教育局局長和相關官員或立法會教育界議員等，而可能不適合邀請有別於活動界別的官員如勞工及福利局的官員。在邀請嘉賓出席的禮儀上，除了必須的禮貌和邀請函外，我們更必須因應嘉賓的身分而提早相當時間作邀請，因嘉賓在考慮活動的本質是否適合出席外，往往亦需要考慮自身既定的各項工作及日程。故此，在理論上而言愈早邀請嘉賓的話，嘉賓的出席機會自是較高。

　　在觀眾的安排上，我們需要考慮到場地位置與交通的安排，如非港鐵沿線的地點將可能需要安排大會巴士於接近公共交通樞紐的位置接送，減輕觀眾出席的不便。另外亦需要考慮活動當天的天氣和整體活動時間，例如活動是否露天舉行？會否令觀眾在現場曝曬？觀眾年齡層是否有小孩或長者等不適宜長時間活動的群體？如活動時間較長或天氣炎熱，會否考慮供應茶點及飲用水？

　　這些問題我們在籌辦活動時，必須仔細想清楚和解答自己的提問。在各項人員的安排上策劃周全及充足，較能保證臨場不會出現突發的不愉快事件，阻礙活動順利進行。關於傳媒安排上，我們容後再與大家詳細分享。

　　在我們的多年經驗而言，活動籌辦者必須「細心、細心、

再細心」、不抱着「理所當然」的態度做事和懂得換位思考。

活動統籌涉及眾多瑣碎的事情，統籌者必須十分細心地記下每一細節作適當跟進，一些看來細碎的環節，往往會有連鎖性的關係與影響，而這些環節往往最容易出錯。

例如我們計劃準備車輛接送嘉賓到場，如果漏做了車輛的預訂安排，那嘉賓臨場如何前來？活動如何開始？又如果我們邀請了藝人出席某宣傳活動，卻漏做了梳頭化妝的安排，藝人是不會在無化妝的情況下出席活動的，那麼沒有藝人出席的宣傳活動，還如何舉行？所以這些小環節往往會帶來巨大影響。我們在統籌活動的時候，一定要「細心、細心、再細心」，反覆思考每一個細節的地方是否已做好及做得妥當。

同時我們亦千萬不能抱「理所當然」的態度做事，統籌者一定要多主動、多做一步。在許多情況下，一些已安排的資源可能因為對方的失誤而未能有效使用。舉個例子，我們舉辦一場社區午宴招待長者，是否酒家提供的專業菜單一定合適長者？還是他們的菜單只是一般宴會菜單，而有不適合長者進食的食物如糯米糍之類？另外在落單提出要求後，我們有否與對方保持足夠的溝通、聯繫及提醒？如果對方漏做了我們的要求例如特別的食物安排，當然在事實上這是對方的失誤，可是在受眾如參加者的眼中，這是誰的錯？當然是活動籌辦者的錯了。所以，切記不能抱着「理所當然」的態度做事，以為交託予其他單位的工作會「理所當然」地做好，多想、反覆的想哪些位置我們可以做多一步，減低整體出錯的機會。

另外，我們亦需要換位思考。活動統籌者往往因為既有的主觀立場或需要顧及活動預算，而會站於自己的立場去看去想事情，那麼想法便會流於主觀，而未能看到一些問題的存在。例如我們安排一場新劇集的宣傳活動時，可試試在其他活動參與者或持份者的角度去看事情，如現場觀眾是否有機會與出席的藝人合照？藝人出席活動後需否趕回錄影廠進行其他拍攝工作，中間的交通及時間安排是否可行？贊助商贊助了活動的禮物，是否有足夠的鳴謝及曝光等等的問題。

在活動籌辦時，多換位思考往往能夠在他人的角度，看出更多自身安排上的問題，從而改善及設計出一個最妥善及能夠滿足各方持份者的方案，為企業及客戶帶來一次成功的活動。

傳媒活動的管理

傳媒在發達社會上有一個很特別的身分，就是監察政府、公職人士乃至社會公義。我們在籌辦傳媒活動時，都需要有特別的技巧，讓傳媒活動能夠順利舉行之餘，亦能達到成功向公眾傳遞訊息的效果。

有時候我們遇上過一些朋友不明白傳媒的運作，以為簡單的請公關邀請傳媒，傳媒便會就有關的事情或活動作出報道，這亦是一個錯誤的想法。公關不是萬能的，不是聘有內部公關人員，或花了費用聘用外部公關顧問，就能「化腐朽為神奇」，讓平平無奇的訊息及活動得以報道。要成功吸引傳媒的眼球，達致向公眾報道的效果，是需要有相當的要素的。

在舉辦傳媒活動前，我們先要客觀地問問自己以下的一些問題：

- **有關希望發布的消息，有否獨特性？還是社會普遍已存在的事物？**
- **有關的消息是否涉及公眾利益或對公眾有影響性？**
- **是否有及時性？還是已經發生許久的「舊聞」？**
- **有否吸引公眾注目的可能性或元素？**

我們在舉辦任何傳媒活動或向傳媒發放訊息前，都必須知道自己手上的「貨品」有否上述四條問題中所需要的元素，記着一句說話，就是「與眾不同的，才是新聞」。雖然報紙每天也會出版，又或網上即時新聞時刻也在發布，可是傳媒不是企業的下屬，他們是沒有責任為你宣傳你「自以為新穎」的產品、意見或訊息的。

在做任何事情前，都必須要先弄清楚有關的「遊戲規則」，掌握「遊戲規則」後，按照各方所需而執行之，方能成功可期，要達到讓傳媒報道我們發布的消息亦然。知己知彼方能百戰百勝，所以我們先來了解一下傳媒所需要的。

傳媒着眼的新聞，一般而言是需要有獨特或特別性的。例如某企業宣布成立，那是否代表能吸引傳媒報道？不然。除了要看企業的背景、資金及創新性外，我們還需要看看企業的產品或服務與市場上的既有的同類型貨品相比，有否任何特別或創新之處？如果只是一般「人有我有」的普通產物，那麼是沒有足夠的吸引力讓傳媒報道的。

傳媒其中一個責任是監察社會，如果我們發布的訊息是對社會有影響性及涉及公眾利益的，將能讓傳媒考慮對社會的影響性而作出報道。如果只是企業或機構自己的一些想法或意見，與社會毫不相連的話，那亦是不能吸引傳媒的興趣。

新聞之所以是新聞，在於它必須要具有「新」的特性，即具有立時性及剛剛發生的。如果企業發布的訊息，是已發生了

許久的事情，那麼對於公眾又有何價值？如果公眾不想看，傳媒又怎會關注你的發布？

另外一點是，在即時新聞及社交平台發達的今天，傳媒間的競爭比以往的更為激烈，他們往往比以往的年代更需要吸引眼球的材料作報道。如果我們所發布的訊息是有足夠的元素可以引起公眾注目，那何愁傳媒不作報道？

在資訊氾濫的時代，不同或相同的資訊滿街都是，你可能一年只辦一次活動，所以你會覺得你的活動重要非常和無懈可擊。可是傳媒每天都收到多不勝數的各類型傳媒活動邀請或新聞稿發放，坦白而言你的活動資訊如果沒有上述的各項要素，對傳媒而言可能什麼都不是，隨手便會將你的資料棄如草芥。

記着，換位思考，試試站在傳媒的角度想事情，不要說每天收新聞資料收得已成「麻木」，而是每天都看到差不多資料的時候，你的資料憑什麼可於編輯桌上突圍而出？可是這正是一些企業或團體未能做到的，他們往往只能單向思考，只認為自己的材料是如何優秀，而公關是「理所當然」可以讓傳媒對此作出報道。

在弄清楚要發放的訊息是有吸引力後，我們在設計傳媒活動時，除了要考慮一般的活動流程中所需要注意的事情外，有些地方更需要特別注意。

1. 提供足夠材料

傳媒到場採訪活動，往往需要一些事實的基本資料作報道，主動提供資料能替企業於傳媒界中建立開明的形象，更能省卻傳媒自行了解活動資料的時間，這是公關人員的基本責任。我們在籌備傳媒活動時，可問問自己有否準備好以下資料列於新聞稿上供傳媒參考：

- 活動的本質、意義和目的是什麼？
- 有什麼嘉賓會出席？
- 活動上會發生哪些事？例如公佈數據或啟動某項目等。
- 有什麼特別的賣點和與別不同的獨特性及影響之處？
- 主辦方對活動或本次活動的相關議題有何建議及看法？
- 主辦方提出的說法有什麼實際的理據支持？例如調查訪問數據、專家的專業分析、評論及建議。
- 有否足夠的場口供傳媒拍攝有新聞意義的相片及影片？

2. 對待採訪的傳媒「一視同仁」

一般邀請本地傳媒出席的傳媒活動，都會一視同仁向各大傳媒的相關版面如港聞版、娛樂版、財經版的採訪主任或編輯發放傳媒採訪邀請。今天傳媒間都流行晚上「Check Assignment」，彼此交換所收到於明天舉行的傳媒採訪邀請，以免遺漏。故此除非是個別相約某一傳媒作獨家訪問，否則有關活動將為各大傳媒所知悉。

如果基於某些原因而不邀請個別傳媒出席，是會讓自己陷於妨礙傳媒新聞採訪自由的不利局面，所以這是絕不建議的。而在現場安排傳媒採訪時，亦需要公平地作統一性安排，例如採訪區或攝影記者位置需公開讓所有傳媒進入、同一時間安排嘉賓接受全體到場相同版面的記者訪問（「扑咪」）等等。

年前某社團於會展舉辦盛大宴會，可是現場工作人員卻不讓到場的某兩家傳媒機構記者進場，令現場全體傳媒起哄，並拉隊離場，又要求社團的負責人向現場傳媒解釋有關篩選傳媒進場的原因。而在翌日的報道中各大傳媒均就主辦方篩選傳媒進場的事件作大事報道，造成極端的反效果負面報道。

3. 流程安排

今天香港傳媒出席一個傳媒活動時，普遍有兩個目的，一是了解及報道活動的新聞；二是追訪出席活動的某些嘉賓就特定的事情或議題作回應，例如行政長官出席某大學的畢業禮，傳媒出席活動未必會對新聞性不高的畢業禮作採訪，而可能希望行政長官就社會上的某些大事作出回應。

無論傳媒出席活動的目的為何，作為發出「英雄帖」即傳媒採訪邀請的主人家公關人員，必須有照顧好傳媒需要的責任，在流程安排上於可行及適當的情況下，盡快按傳媒的需求安排大會發言人、發布議題中的個案人士和一些特別的嘉賓接受傳媒訪問，讓傳媒省卻於不必要和不關乎新聞報道的流程環節上等候的時間。

4. 交通安排

　　在距離港鐵站沿線以外的活動地點舉辦傳媒活動，建議可安排傳媒專車由市區接送傳媒前往採訪，以便捷傳媒。許多時候到場採訪的前線記者每天可能有三至四宗活動或新聞需要跟進，加上傳媒報道的即時性讓時間對記者而言十分寶貴，所以交通上便利傳媒可以省卻傳媒部分時間的花費，亦有助傳媒分派記者出席採訪。現時一般行內做法，傳媒專車一般在九龍塘港鐵站旁的森麻實道，以及金鐘海富中心集合出發往偏遠地點採訪。

良好的傳媒關係

作為公關或企業的發言人,許多時候我們都需要與傳媒接觸。有些朋友可能會覺得,傳媒的問題往往會比較尖銳,又或是害怕自己對傳媒的說話可能出錯;即便沒有出錯,又會怕傳媒對自己的說話「斷章取義」誤解自己的意思。所以,有些朋友乃至企業的管理層遇事時會有「怕記者」的想法,或對傳媒懷有「敵意」,以及有「避記者」的行為。在公關的角度上而言,這些想法絕對是錯誤的,亦會惡化與傳媒之間的關係。試想想,一般人士到企業的大門敲門,我們亦會禮貌地應對,而不會斷然下「逐客令」,更何況來者是在社會上肩負傳播訊息責任的傳媒?

在我們的公關生涯中,我們一直覺得傳媒與公關的關係是工作上的合作夥伴,一方要發放訊息,而另一方則需要尋找或接收訊息以作報道。在長期的合作關係中,我們都與不少的傳媒朋友交上好朋友,彼此除了工作上合作關係外,更有朋友間的交情。維持良好的傳媒關係無論對於公眾人物以及企業都是重要的。那麼,如何建立良好的傳媒關係呢?

在絕大部分的情況下傳媒對於企業或個人的追訪,是沒有懷有敵意的。傳媒就企業的事務作出追訪,也是出於工作所需,他們的天職就是採訪及報道新聞,某企業獲得傳媒的追訪,必

是該企業發生了帶有新聞性或關乎社會公眾利益的事件。例如舉行了某些富有社會意義的活動、某管理層傳聞獲邀加入政府任高級官員，又或是出現了負面的「危機」等等。

　　無論何種情況，除卻特別的私人事務外，現今社會的企業都需要就傳媒的追訪提問作出應對，如情況許可下，可以作某些資料性的回應，即使情況不方便公開，亦需要禮貌性回應傳媒的提問，例如有關提問屬於公司內部事務不便公開，又或企業需要對提問作出了解，待適當時方作回應之類的應對，切忌對傳媒採取「敵視」或「不聞不問」的做法。在情況許可下，某程度上滿足傳媒的提問，是方便了對方的採訪工作以及社會責任，這是建立良好的傳媒關係中重要的一環。

　　我們對待朋友不應「無事不登三寶殿」，對待傳媒亦然。作為企業必須於日常多設計一些與傳媒接觸的機會及場口，讓自己與傳媒保持日常性的聯繫，而非在有事或遇上「危機」時方請傳媒「筆下留情」。企業可以於日常發掘一些有社會性的企業資訊提供予傳媒，例如公營鐵路機構邀請傳媒參觀即將開通使用的新車站、社福機構邀請傳媒訪問傑出社工、電視台邀請傳媒新春團拜聯誼並簡談未來一年的節目大計，乃至企業新上任管理層團隊與傳媒茶聚分享管治理念等等，俱為常見的例子。

　　另外，我們亦需注意發放予傳媒的訊息是否合乎傳媒所需。有些企業舉行了某些活動或進行了某些企業自身認為十分特別或優秀的計劃，便希望發放予傳媒作報道。我們建議在進行這

一動作時，先問問自己那些發放的資料是否涉及社會利益？有否新聞性？項目有否獨特新穎的地方？換在傳媒的角度想想是否有報道的價值？如果都是沒有的，實際點說基本上那些資料對傳媒而言可能都只是一堆無用的資料，即使企業內部認為是多麼優秀的材料。

即便是對傳媒有意義的資訊，我們亦需在發放的過程中提供更準確及適當的材料作配合，例如公佈一些社會現象及機構建議，需要有實際的調查數據及數字以作支持；特別的社會個案需要有個案當事人現身受訪說明；選美佳麗會見傳媒需有各人的姓名、年齡、身高、職業等基本資料；受訪的企業發言人需提供準確姓名及職銜等等的資料。凡此種種既是方便傳媒工作，亦可反映出企業的公關觸覺及公關人員的專業。

曾有傳媒朋友向我們笑言，記者的天職就是「等」。的確，許多跑港聞或娛樂版的傳媒朋友每天總有「等」的時間，等官員議員回應政策、等公關回應查問、等名人明星活動後受訪和等外地明星航班到港等等的情況屢見不鮮。作為公關，我們在與傳媒溝通的過程中，可以盡最大可能作出人性化的安排及適當的照顧性安排，以方便傳媒朋友的工作。例如告知目標人物的大概出現或回應的時間或會否會見或回應傳媒；提供合適的交通安排例如傳媒專車接送傳媒往交通不方便的地區採訪；設計傳媒活動時需盡量簡短精要，公布企業需要說明及回應的資訊和傳媒所需要的資料即可，切忌作三數小時了無意義的流程設計「逼」傳媒留於活動上等等。

在亞視免費電視廣播停播前的一段「危機」日子裏，不少的傳媒朋友每天被公司指派到偏遠的大埔工業邨亞視總部外守候最新消息，他們一「等」便是一整天八、九小時。總部外既沒有座椅，又沒有洗手間及餐廳，更沒有遮風擋雨擋陽光的設施，而且地方空曠在冬日中格外受風。

那時候雖然傳媒每天都是報道關於亞視「危機」的新聞，可以我們並沒有對傳媒朋友採取「敵視」態度，而是人性化地安排了多個大型帳蓬供遮陽光擋雨水、開放總部洗手間予傳媒使用、代購餐膳食品，以及寒風中提供熱茶熱水等。

而在訊息發放上，我們亦採取「應說則說」的配合態度，在可行的情況下盡量回應滿足傳媒朋友的提問，讓傳媒可以獲取訊息作新聞報道，方便了大家的工作需要。我們和不少當天來採訪的傳媒朋友，都是認識多年的，我們認為這些措施雖然是專業公關應做的工作，更大程度是對於多年朋友的應作之舉。朋友來到家門前，薄備茶水亦是基本禮貌。

作為公關業者，在我們的經驗以及專業判斷上而言，傳媒關係都是非常重要的。無論身處的企業與傳媒的關係如何，作為公關在公在私，亦是有必要與傳媒建立起信任與友誼。這對於我們執行公關的工作，是無往而不利的。

如何應對傳媒？

許多朋友都問過作為公關的我們一個問題，就是如何應對傳媒？

今天許多的官員、議員又或企業管理層，在應對傳媒的技巧上，都有相當大的改進空間，我們經常可從新聞或社交媒體上看到不少受訪人失言或情緒發作的「公關災難」。

面對傳媒的提問一般朋友往往具有較大的壓力感，又或是不習慣於鏡頭前作公開回應，其實只要在接受傳媒掃問前，做好充足的資料準備和注意一些面對傳媒及鏡頭的技巧，應對傳媒是沒有大家想像中的大壓力的。

作為電視台管理層以及發言人，我們都有大大小小的回應傳媒機會，而在每年的藝員、亞洲小姐和亞洲先生的培訓中，我們都會負責教授應對傳媒的技巧，下面和大家分享一下：

1. 認清與傳媒的關係，對方是協助自己的朋友而非敵人

作為名人藝人及企業代表，傳媒是協助我們傳遞所希望發布的訊息的人士，彼此於傳播過程中有不同的分工，所以應視對方為朋友而非敵人。這點需要非常清晰。

2. 態度誠懇有禮，保持莊重儀態

無論是接受電子傳媒錄影或錄音採訪，抑或只是電話訪問又或是簡單筆錄式訪問，謹記傳媒及鏡頭背後是千千萬萬收看訪問的社會公眾，我們在臉部表情以及說話表達的語氣及用詞上，都需要保持態度誠懇有禮及莊重的儀態。此舉在最基本上加強受眾對於受訪者說話的公信力。

3. 就希望表達的訊息撰定重點，表達時需清晰、連貫表達

發言人在面對傳媒之前，必須清楚自己今次面對傳媒的目的是什麼？希望發放及帶出的訊息又是什麼？是公佈、澄清、回應，還是接受傳媒提問？在這之前必須整理及準備好有關的資料，保持清晰的邏輯思路，連貫而有條理地向傳媒帶出有關重點。

如果是回應「危機」或事情發展的形勢時，更應該需要對「危機」的情況或事情的發展脈絡有具體及確定的掌握，而且必須預計評估傳媒會問及的問題並作好預計的答案。胸有成竹自然能於傳媒面前表現自信及作出確切回應。

4. 引用經典加強傳播效果

我們應對傳媒訪問時，往往會有三數點意見想法向傳媒發放，可是如何才可讓記者加深某一點特別要點的記憶，從而在報道上可以突出有關訊息？在亞視「危機」中，在某些適當的

場合及話題上，我們都試過切合當時亞視的實際情況，而引用亞視的經典電視劇主題曲的歌詞，例如鼓勵於困境中勇敢向前的《天蠶變》歌詞「膽小非英雄，決不願停步」等等，以作配合發言。此舉可以加強受眾對於訊息的接收效果，惟操作的人員亦需要有相當的技巧及公關功力去掌握。

5. 不能「講大話」

人生在世誠信至為重要，而且世間上紙難包火，如果於接受傳媒訪問時撒謊而日後遭揭穿，在公眾前將會誠信破產，形象上帶來極大損害，而且企業發言人是代表企業的整體，這些影響將不只損害個人而是整個企業。

故此在面對傳媒時，某些情況不方便說、不可以說，就直接不說，而絕對不能及不可以因為某些原因又或應對不了質問而撒謊。

6. 遇到沒把握的問題勿胡亂回應

如果遇到的問題自己並未掌握或根本不了解情況，這是無論如何都不能於「電光火石」間胡亂作回應，因為這些答案大部分都是並未得到企業確認又或不符合實際情況，胡亂回應只會極大機會出錯。

遇到這個情況亦不用驚慌，可用簡單回應輕輕帶過，這裏給大家一些建議參考：

建議一：有關情況我需要再作具體了解，再向大家作確切的回應。

建議二：這一刻我對於閣下提及的問題，需要掌握更具體的資料才能作出適當的回應，故此這一刻我未能就此具體作出回應。

建議三：閣下提到的問題較大的可變性，我認為需要有更充分的了解，才能夠適當地回應有關問題。

7. 忌回應預測性問題

　　許多時候傳媒會就目前情況的一些形勢問及事情日後發展的預測性問題，除非能十分確切地掌握實際的情況，否則日後事情的發展與今天的回應有所不同時，將會帶來其他連貫性的問題，例如當天企業是否評估有誤？對於情況有違預期企業有何補救措施？這就會無端把自身一方帶入不利的境地。

　　另外，某些問題可能會因為回應者的身分並不適宜，又或自身所處的崗位而不便作評論，以免予人處事不公允之感。這裏列舉一些我們被問及過的一些例子讓大家更清晰明白：

提問一：某電視節目的預計收視率是多少？

提問二：預計何時可以發放欠薪？

提問三：今年看好哪位亞洲小姐競選的參選佳麗奪冠？

　　這些問題在當時我們的崗位中都不便作預測性回應，當然我們也會禮貌地作簡單回應，下面亦提供些我們曾經就上述三

項傳媒提問而回應過的答案供大家參考：

回應一：這節目是我們製作組全心全力的誠意之作，我們希望
　　　　廣大的觀眾都能以實際行動收看支持。

回應二：無論公司的投資者、董事會以至管理層都了解當前的
　　　　情況，我們各方單位亦以盡快發放員工薪金為第一前
　　　　提，公司亦希望可以盡快解決當前的情況，發放薪金
　　　　予員工。

回應三：今年各位參選佳麗的質素均十分優秀而平均，是一屆
　　　　水準極為接近的賽事，她們當中每一位都有奪冠的實
　　　　力，相信總決賽當晚必定有一場龍爭虎鬥，而冠軍一
　　　　定是最實至名歸的。

　　我們再來看看三項提問的性質。提問一及二的實際情況不
由回應者所掌握，故不能作預測性的實際回應，以免日後實際
結果出現偏差時予人口實。提問三則由於我們是電視台管理層
以及公關部主管的身分，即使心中看好哪一位佳麗亦不便具體
透露，以免讓眾參選佳麗及公眾感覺大會有偏坦及加持某佳麗
的負面想法。

8. 時刻保持冷靜

　　如發覺對方出言不友善或提及不欲回應問題，亦需保持禮
貌，而不可發脾氣及惡言相對。無論對於傳媒所提問的問題感覺
如何，記着保持頭腦冷靜而勿讓情緒被牽動。這時候更需要冷
靜地抓緊對方的問題重點，而於短時間內作回應的策略及決定。

即使當時情緒有多麼的不悅，亦不能表現情緒及對傳媒惡言相對，因為你要知道收看訪問的可能是全港的觀眾，一個不大體的小動作或失言，都有可能惹來千千萬萬個負評。而且，有關「黑面」或情緒失控的鏡頭及相片，往往特別為傳媒所「喜歡」，更可能以特寫形式刊出，以加強效果吸引觀眾；在網絡世界中有關的醜態相片更可能被創意無限的網民作「二次創作」廣傳。

　　再者，觀眾在觀看受訪者的公開訪問後，往往很快便忘卻受訪者所說的內容，可是受訪者於鏡頭前的態度及整體演說表現，卻會在觀眾腦海留下深深的印象，從而成為公眾心目中對於有關受訪者或所代表企業的形象。所以，在接受訪問的短短時間，緊記注意一切的態度以及神情和語氣。

危機管理——何謂「危機」？

「危機管理」是近年較熱門的公關名詞，顧名思義「危機管理」就是要「管理」好「危機」，或準確一點說應該是「處理」好「危機」。這裏我們先談談什麼是「危機」。

我們翻查詞典，一般找到「危機」的解釋大致為「潛伏的禍害或危險」及「嚴重困難的關頭」之類。在企業管理的層面，「危機」又可解釋作某個事件在發展的過程中所面對成敗的重要關頭，又或在毫無預警的情況下，突然爆發的特殊事件，這種情況可能威脅到企業的生存發展。

在公關層面上，我們再來深層一點的看看「危機」，具體來說「危機」是指包含以下特質的事件：

- **事前難以預計而突然及無可預估地發生的**
- **對本位者（個人或企業）的利益有重大損害**
- **對本位者（個人或企業）周遭持份者帶來損害性影響的**
- **引起本位者（個人或企業）關連單位關注及產生負面推敲的**
- **具有時間上的逼切性的**
- **可帶來發酵性持續惡化的**

如果單就團體或企業面對的「危機」而言，一般而言在「危機」中將有以下的持份者：

- **企業或團體本身**
- **企業或團體管理層**
- **企業或團體公關人員**
- **企業或團體的客戶**
- **傳媒**
- **公眾**
- **當事人或受害人**

我們先來認識一下各持份者。遇到「危機」的企業或團體本身，我們在「危機」中理解為「本位者」；在「本位者」內亦有多個持份者涉及到「危機」中，包括負責為企業或團體決策的管理層；為管理層提供公關意見和於前線執行公關措施處理「危機」的公關人員；與企業或團體有商務或合作往來的客戶；因「危機」涉及公眾利益而追訪報道相關新聞的傳媒；接收傳媒報道訊息，並可發表個人意見看法的公眾；有些時候「危機」還會有「當事人或受害人」的角色，例如某位報案尋求警察協助的女士，於警署內受到警員不當的性騷擾行為繼而投訴，那麼這位女士便是這次「危機」中的「當事人或受害人」了。

在分析「危機」時，我們一般將「危機」分為由內部造成的，以及由外部引起。這裏分別舉出些簡單的例子讓大家清楚明白。以個人為例，某位政治人物偷偷到色情場所消費卻被曝光，造成公眾形象破產，繼而影響家庭及工作崗位，這是由於

自我行為不當而造成的「危機」，屬於本位者內部造成的「危機」；某位企業管理層由於所處的企業股東不注資，而造成企業欠薪，繼而使他個人因身居管理職位而蒙上官非，這並非因本位者個人不當行為而造成的，而是由外部環境因素促成他個人「危機」的，屬於外部引起的「危機」。

再舉一些以企業為本位的例子。某連鎖快餐店出品的食物上，有昆蟲的屍體，食客向衛生部門投訴及傳媒報道。這是內部生產程序出現問題而造成的，屬於內部造成的「危機」；某巴士公司的巴士因其他道路使用者的不當行為，而造成巴士發生車禍並造成死傷。這是由於外來因素造成的意外，屬於由外部引起的「危機」。

無論個人或企業大抵對於可以想像或預計可能會發生的事情，都會有或多或少的計劃及準備。而「危機」往往正是超出本位者所預計中而發生的，就我們上述簡單列舉的「危機」例子，都是帶有難以預計、突然而無可預估地發生的特點。「危機」的不可預防性，往往在於它的發生是帶有偶然性的，以及並非可以由本位者完全控制的。

時至今日「危機」的概念及爆發引子，已隨着網絡世界的高速發展以及傳播過程的發達而改變。以往可能較大型的事故例如企業資金危機又或天災人禍、意外等方能引發「危機」的情況已然改變。許多時候餐廳出品食物中有昆蟲屍體，或是於社交媒體上的一段文字、一句留言，這些看似無足輕重的「小事」，經過發達的傳播過程流傳下，都有可能引爆而成「危機」。

「危機」其實都有或然性，有些情況如果同樣發生，可是未有經社交平台廣傳或未有讓傳媒注意到，便會如河水流過不留痕跡；然而如果同樣的事情有人放於社交平台廣傳，經過網絡傳播的威力後，又可能會引起一場場的「危機」。

危機管理——「危機」的影響（上）

　　「危機」之所以需要「管理」，並成為公關學以致人際間流行討論的話題，更發展成企業管理學上的一門課題，在於它為本位者所帶來的嚴重危害性。

　　我們談過「危機」是事前難以預計地發生的，再進一步具體點來說，是事前不能預計它於哪個時間、哪個地點、由哪一偶然事件引發，以及涉及哪些持份者。在此前題下，「危機」出現時首先帶來的影響是完全打倒了個人或企業日常的運作及既定的工作計劃，令企業產生處理成本。

　　在傳播理論中，訊息接收者由於不可能涉及並親身參與物理上發生的每一個事件，他們之所以知道事件的發生，是由於有參與過程的訊息發出者，向他們發出及傳遞有關事件發生的訊息。在這個前提下，訊息發出者以及傳遞訊息的平台足以讓事件的傳播以幾何級增長，再而讓該訊息帶來的影響以幾何級增加。

　　「危機」的發生正正就是訊息的一種。今天網絡世界、傳媒以及社交平台發展發達，往日只由傳媒作為訊息發出者的傳播模式已然打破。除卻傳媒外，今天任誰亦能於網絡世界上擔任訊息發出者的角色，將訊息透過網絡平台發放予大眾。這裏

要強調的是，傳媒仍然於傳播模式上擔任至關重要的訊息發出者角色，他們憑藉社會角色及公信力，在傳播過程中擔任難以替代的平台及「輿論領袖」的角色。

「危機」是帶有損害性的，它可以為個人或企業帶來即時性的經濟損失、資產的損害、人力資源的損害、企業團隊士氣的打擊等等，以及至為重要的——顧客信心的下降和聲譽形象的毀壞。我們在分析時可以將前述四項影響界定為短期性的，以及使用一定的時間資源以及金錢資源可以彌補的，例如購入新的資產、企業增加投資規模、增聘人手以及加強員工福利等措施等來解決。

至於顧客信心的下降及聲譽形象的毀壞，表象上看來似乎沒有太多實際的經濟損失，這是大錯特錯的想法。

危機管理——「危機」的影響（中）

在個人或企業管理上，能夠以有形的資源彌補的損害，往往是較短期及較低傷害性的損害。顧客在接受到「危機」發生的訊息時，會由於伴隨「危機」而來的負面消息而影響對企業的看法，造成對企業的信心下降，影響消費者行為中購買決策的決定，在一段較長時間上大大減少對相關企業的消費。

我們又舉一例子讓大家馬上清晰有關概念。某航空公司的航班於飛行途中無故失聯，巨型客機與機上數百位乘客下落不明。公眾透過傳媒接收到這一項訊息後，馬上會聯想到日後自己如乘坐這家航空公司的航班，會否同樣無故地「消失」得無影無蹤。這個「危機」便造成相當長的時間內，由於消費者對這家航空公司的信心度下降，從而不選擇購買它的產品與服務。

另一個重要的不良影響，就是企業聲譽形象的毀壞。我們繼續以這家航空公司的「危機」作例子來向大家說明。這次的「危機」第一爆發點在航班失聯，其後的第二爆發點在一直未能找出航班下落，以及未能解釋航班失聯的原因。在正常的認知邏輯下，我們不能接受以今天的科技竟可讓巨型客機與數百位乘客完全消失得無影無蹤，但這恰恰發生在這家航空公司身上。公眾對一家大型航空公司的形象認知是具備相當科技及管理水平，可是這次的「危機」卻讓公眾對有關想法造成毀滅性

的破滅，令公司的形象及聲譽造成無可挽回的損害。

我們試試清空一下腦袋，再代入消費者的角度理智而客觀地看看這次的「危機」。我們因為害怕日後選搭這家航空公司的航班會出現同樣的意外，所以不選乘這家航空公司的航班。這裏問大家數個問題：

- 同一航空公司出現同樣飛行意外的機會率是多少？
- 飛機於空中出現空難的機會率是多少？
- 飛機出現空難的機會是否與某一航空公司有異常特別的關係？
- 選搭別家航空公司的航班，是否可以肯定百份百沒有機會發生空難？

問題想帶出的是，在未來出現空難與否以及發生的機會率，其實與這家航空公司沒有異常重大的特定關係。現實的情況是，如果未來真的不幸出現空難的話，它是可以出現在任何航空公司的任何航班上的。

那麼我們如何解釋消費者於航班失聯「危機」後所出現的信心危機？這就是由於這家航空公司的形象及聲譽已遭受毀滅性破壞，不論實際情況如何，消費者已將管理不善、設備落後、公司僱員不可信任及容易發生空難等等的負面想法，推敲到這家公司身上。雖然消費者沒有及不會有實質的數據來證實這些推敲及想法屬實，然而由於形象的破壞，令消費者將這些負面形象牢牢地扣在這家航空公司的品牌上。

相信通過這個例子，大家都會明白「危機」所帶來在聲譽及形象上的毀壞。許多時候個人及企業的實益利潤容易獲得，然而長遠形象口碑卻難以挽救。對比一些可以用有形資源彌補的損害，聲譽和形象上的損害更是無量地大的，而且更並非「一時三刻」可以成功彌補，而是需要相當的時間、資源以及過程的。

危機管理──「危機」的影響（下）

　　「危機」的影響之所以嚴重，在於它除了影響本位者的利益外，更會為周遭關連持份者帶來影響，而且更會引來本位者關連單位的關注及產生負面推敲。

　　我們從這裏舉個例子看看「危機」的影響。現時市場上的品牌普遍流行邀請知名藝人擔任品牌或產品代言，衍生而出的宣傳產品一般而言是廣告影片、平面廣告及戶外廣告版等等，品牌希望憑藉藝人的形象及知名度，加強產品的公信力並帶來銷售額的提升。

　　某知名藝人為某品牌擔任形象代言人，市面上多處可看到有關的廣告，可是卻突然被揭發他於感情上出軌，並被傳媒廣泛報道及於網絡世界廣傳熱議，這些負面新聞一經報道，除了對該藝人個人形象造成不良影響外，更會連帶影響他所代言的產品形象，為本來不涉及該藝人個人「危機」的品牌帶來連繫性的負面影響。

　　一般而言無論個人或企業遇上「危機」時，都會在各自認為合適的平台就「危機」進行解說及澄清。可是即使在解說過後，公眾於接收了此負面新聞的訊息，心理上亦會產生負面的推敲，為「危機」的本位者形象以及其他的相關單位帶來損害。

「危機」亦會帶來發酵性的持續惡化。公眾及輿論對於個人或企業遇上「危機」時，都是帶有逼切性期望，希望本位者能夠盡快作出回應及處理。在管理的角度上，本位者或「危機」處理者相對上沒有太多時間「等待」，「危機」的處理是帶有十分強的時間逼切性的。本位者愈遲處理愈遲回應，「危機」將隨時間發酵，造成負面新聞或訊息的不斷流傳，公眾的問號以及不信任將會愈發加大，當然伴之而來的，亦是本位者形象的損害。

另外一點非常重要的是，「危機」一般伴隨危害性更強的「雜音」。負面新聞及訊息的傳播過程中，除了發生「危機」的本位者外，基本上並不會有任何一方持有解說及澄清的能力。在公眾接收到首次的負面新聞或訊息後，在訊息傳播的過程中，由於公眾乃至部分訊息傳播者對於實際情況未有充分了解或掌握，故此容易產生錯誤的消息流出，而這些我們稱之為「雜音」或「謠言」的訊息，一般亦會在傳播過程中廣泛傳播，對本位者產生更大的損害。

我們又看看例子。某電視台因資金不足應付日常運作，惟日常廣播仍努力維持正常，可是坊間卻傳出這家電視台因資金不足而快將停播。公眾於訊息發出者中接收到這項訊息後，實際上他們是沒有能力及沒有辦法對此作出核實的。可是公眾卻普遍會將這項「雜音」連繫到較早時間接收到的電視台資金不足的訊息中，繼而再向其他接收者發放。

在傳播過程的發揮作用下，這些失實的「雜音」便很容易為電視台帶來更大的損害。在這情況下唯一的解決辦法，就是本位者即電視台的代表或發言人作出公開澄清，並解釋電視台的廣播仍維持正常，以消除這些「危機」中「雜音」及「謠言」的危害。

危機管理——如何管理「危機」？（上）

在公關學上有一個說法，就是最佳的「危機」管理就是別讓「危機」出現。在相當程度上而言，這是一個「烏托邦」式的說法，如果真的能夠使「危機」連出現的機會也沒有，這相信是相當理想化的想法，因放諸我們眼前的卻是現實社會中大大小小的「危機」。

「危機」其實是一柄「雙面刃」，「危」中是有「機」的，它無疑會帶來損害，可是亦會帶來難得的發揮機會讓管理者展現他的能力。只要危機管理得宜，並透過相當技巧，在危機管理的過程中展現企業的誠意和應變能力以及管理者的能力，無疑是可以轉「危」為「機」的。所以危機管理的挑戰性及刺激性，對於我們乃至不少的公關業從業者，都是非常嚮往的。

我們前面談過了「危機」的危害性，問題既然出來了，那麼應如何解決呢？我們遇上「危機」時，應該如何「管理」它，以及如何解決它？

在管理「危機」前，我們必須先弄清楚「危機」管理的目的：

- **消除危機所帶來的威脅和損失**
- **減輕危機的不良影響**
- **贏取受眾的信任與認同**

在我們的角度，要管理好一個「危機」，必須先弄清楚自己的頭腦，清晰地以「目標為本」為主導思想，清楚問題是什麼，我們究竟需要達到的目的是什麼。這點非常重要，在危機管理的整個過程中必須時刻清晰清楚，不能為外來情況和時刻變化局勢所影響或擾亂想法。

在作出任何策劃或動作前，必須先用盡方法弄清眼前的情況，危機管理者必須對事實有確切的掌握和了解，方可以去構思下一步的管理策略。

這裏需要提醒的是，在「危機」出現的時候，許多時候都包含人為因素，即代表有人犯錯致使「危機」出現。在危機管理者了解、調查及還原事實的過程中，不少情況是有犯錯的人士為逃避可能的追究責任，而選擇隱瞞、歪曲部分事實。

危機管理者必須有足夠能力，從各方單位的整體說法、說話時候的神態表情、合理的邏輯推斷、各人的人事交往關係和各人在事件中可能得到的利益等各方面，作出最合理的分析及判斷，從而審視有否出現有人為求開脫責任而作出誤導的情況，有不合理和不明白的地方必須弄個清楚明白。

這樣以不下於「警察查案」的態度去了解及調查，將能盡最大可能還原事實的真相，讓危機管理者對事情有最充分的掌握，以免影響自己對「危機」判斷，壞了整體大事之餘，亦避免為自己加上「不合格危機管理者」的身分。

管理「危機」其實沒有什麼不可告人的絕世秘技，憑藉我們多年危機管理的經驗，我們以最簡單的說法總結出下列數點危機管理的要訣，與大家分享，讓大家能馬上掌握有關技巧：

1. 快速反應

「危機」具有逼切的時間性，需要快速反應處理。在互聯網發達的今天，在世界上發生的某一事件即可透過網絡和社交平台快速送到公眾手上的智能手機，這意味任何「危機」對於企業而言都需要快速反應處理。

例如企業遇上「危機」需要盡快向傳媒、公眾及員工等交代，如錯失時間先機，將會讓「危機」發酵，損害只會有增無減。一般而言，這個交代的時間距離「危機」發生的時間愈短愈好。

可是我們需要注意的危機管理者必須要先對「危機」作出充分的了解和調查，在清晰了解「危機」的來龍去脈以及掌握實際情況下，方能做出相關的計劃解決。切忌在不了解全盤情況下胡亂交代，因這可能會誤判情況，除了擴大「危機」的事態外，更會讓外界質疑企業的管理能力及解決問題的能力，為企業形象帶來更負面影響。

2. 主動

遇上「危機」要主動、積極解決。不要抱着「鴕鳥」心態去自欺欺人逃避解決；不要抱着敵視的心態去認為「危機」是

外界對你的攻擊；不要以為可以「以時間換取空間」用「拖字訣」將「危機」拖過去。記着以上的三個「不要」，這三個「不要」都只會帶來一個後果：惡化「危機」。大家又必須記着一個「要」，就是要主動出擊，積極解決問題，減輕「危機」的損害。

3. 誠懇

危機管理者必須持有誠懇的態度，來面對各方的持份者，尤其於公開場合面對傳媒。「危機」的出現於相當程度上代表企業出現問題，才會造成「危機」的出現，故此要解決「危機」必須以誠懇為先。除了向各方持份者表達出願意解決問題的態度外，亦能於傳媒鏡頭前打造具承擔氣量的公眾形象，同時可以提高企業所發放的訊息的公信力。

4. 公開、透明

處理「危機」必須公開及透明地處理。「危機」當前公眾以及傳媒必然會對企業產生多個問題，在未弄清楚事情前必然會將事件向負面的方向推敲。此時危機管理者必須將事情公開及透明，讓各方適當地知道「危機」的實際情況和企業的反應措施，以顯示企業在管理「危機」中的誠意。企業於此時切忌讓各持份者感到對事情有所隱瞞，因這樣會令各持份者對企業所說的一切，帶有質疑的態度，大大減低自身的公信力。

5. 檢討

前面說過「危機」出現代表在一定程度上企業出現了問題。有許多企業的管理層往往自視為金字塔的頂端，缺乏抽身思考事情的能力與氣量，導致他們遇事時只會以高高在上的在上位者心態去看待問題，這可能會造成企業不能於問題出現時作出適當的檢討。其實遇上「危機」時，企業需要回看審視自身的問題，檢討自己有否犯上錯誤，而非一力指控外界對己方進行進逼。遇事時反省自身，找出問題檢討改正，這是小學老師對學生們的教導，然而有許多成年人對此簡單道理，亦未能好好掌握。

6. 承擔

檢討過自己在「危機」中所犯過的過錯是不足夠的，我們更需要的是承擔，這是處理和解決問題的不二辦法，面對公眾的企業更應該有承擔責任的氣度。走到台前管理「危機」的，不會是企業內的基層員工，而必定是部門主管級的員工又或是管理層代表，許多時候會是行政總裁等的一把手崗位，這無論在任何角度而言都是代表了整家企業的代表性人物。如果企業的代表不作出應有的承擔，而作東拉西扯推卸責任之舉，你教公眾於未來如何還能對這家企業維持信任？

7. 妥善包裝

在對外發布訊息時，有一點非常重要、亦非常需要技巧的是，危機管理者必須對訊息作出適度的包裝。許多時候事實的全部是相當嚇人的，我們沒有必要將事實的全部公諸於世，這種做法愚蠢之餘，並會帶來更大的「危機」與風波。我們要清楚地知道各持份者所最需要的是什麼訊息，在適當的範圍及實際形勢許可的情況下，清楚將此一部分的訊息交待，並於言辭說法及訊息發布上，在不含隱瞞及扭曲事實的前提下，對訊息作出有利企業的包裝，並將關注點轉向帶回有利企業的方向。

例如某公營鐵路機構多次出現列車脫班的情況，除了向市民交代原因以及道歉承擔外，更可公佈機構未來針對現有問題的改善措施，將公眾及輿論的關注從「質問為何出錯」轉移到「未來能如何改善」的良性發展上。

有時候一些「危機」並非單方面由企業的問題衍生，背後可能有競爭對手及同業的有操作性地發放謠言以及涉及惡性攻擊。這時候危機管理者要抓到重點所在，在該澄清的地方澄清、該說清楚責任的地方說清楚、該循法律途徑及司法訴訟跟進的便作跟進，而不能單由對手出牌攻擊而只作低頭認錯。

危機管理──如何管理「危機」？（下）

在管理「危機」中，我們需時刻問自己，我們所做的有否做到以下的要點：

1. 積極與傳媒溝通

如果企業是提供公共服務的機構，又或是企業所面對的「危機」涉及公眾利益，那麼傳媒的介入幾可說是必然的。傳媒在社會上的角色代表公眾，它的社會功能就是報道社會上所發生的事情，傳媒不是我們的敵人，這點必須要清楚。我們在處理「危機」時，必須要和傳媒積極溝通，不應亦不能「避記者」。

這樣可確保傳媒獲得企業處理「危機」的第一手措施的消息，減少謠言及不實消息的傳播，同時亦可藉傳媒的報道，向公眾發放一些企業正在積極處理「危機」的正面消息，減輕「危機」對企業形象的損害。

2. 充分關顧各持份者所需

每一持份者於「危機」中都有他們的訴求及所需要的。統籌全局者必須明白這點，在策劃及執行各項措施時，充分地關顧各持份者所需，適當地滿足他們的需求，以讓「危機」朝向解決的方向發展。

3. 以公眾或大眾利益為前題，多於企業的利益

短期利益容易獲得，長遠形象損害難以補救。在企業面對「危機」而受公眾注目時，我們執行的各樣措施，目的除了是解決根本性問題外，更必須向公眾展示企業以公眾及大眾利益為大前提，而多於企業自身的利益，同時在處理問題時，亦必須帶有人性化的考慮，而非硬性執行既定的規則和指引。

如果這時候企業展現於人前的形象是只顧賺錢及收入，那麼予人的印象將會是缺乏解決問題的誠意，以及唯利是圖的「無良企業」，並只會為企業帶來更大的災難性「危機」。

4. 表達企業願意承擔

「危機」既現，錯處已成。這時候公眾需要的是企業的承擔。具有承擔精神的企業及管理層，除卻實際處理「危機」的「能力分」外，往往可讓公眾為他們加上「印象分」。

5. 執行避免重覆犯錯的措施

記着，公眾對企業是有合理期望的。「危機」發生後，企業有何補救或避免問題再次發生的措施？這是大家所關心的，危機管理者在管理「危機」的措施及過程中，必須向公眾提出此方面的措施。

6. 為事件定性及作結，避免持續發酵

　　在處理「危機」時，我們最擔心的是「危機」的不受控及發酵。在設計任何解決「危機」的措施時，都必須記着一切的措施都應該以為事件定性及作結為目的，並消停「危機」的影響，避免事態持續發酵，帶來更大的損害。

危機管理——優秀的危機管理者

要圓滿地解決「危機」以及減輕「危機」所帶來的損害，作為「危機」的本位者必須找到一位優秀的危機管理者，這位管理者可以是本位者本人，或是企業內部的公關人員，又或是外聘公關公司的公關顧問。不過需要注意的是，這位危機管理者必須是優秀而專業的。

危機管理其實亦是一門看「天份」以及看公關觸覺的學問，我們遇上過不少企業管理人，雖然在企業發展及行政管理上有出色的表現，可是於危機管理上卻沒有相關的觸覺，致使在危機管理上犯錯纍纍，鬧出不少「公關災難」之餘，亦賠上企業的形象與聲譽。大家在新聞上看到不少企業以致政府部門及高級官員引爆的「公關災難」，便可印證這些說法。

優秀的危機管理者亦並不一定憑藉年資及經驗，我們亦看到不少聘用於業界內負有盛名的公關公司的企業，以至由資深的公關大員主理的危機，都鬧出過不少笑話；而一些年輕的危機管理者憑着出色的公關觸覺以及具有精明分析力的頭腦，將危機化解得完美無暇的例子，亦比比皆是。這種情況近年更多見於社交平台的網絡公關。

綜合而言，我們認為一名優秀的危機管理者，必須要具備以下的特質：

- **具備宏觀的視野**
- **綜觀全盤形勢的能力**
- **懂得換位思考**
- **明白各持份者所需**
- **能夠適當滿足各持份者**

首先，在危機管理的過程中，優秀的危機管理者首先必須具備宏觀視野的眼界。管理者需要能夠跳出現有的局面及框框，看到「危機」的根本性成因以及造成「危機」背後有否更深層次的矛盾，又或是眼前的「危機」是否背後有推手促成，朝哪個方向解決方最能符合本位者的最大利益。

第二，危機管理者亦必須擁有綜觀全盤形勢的能力。「危機」管理不單單是發生「危機」本位者與受害人或是傳媒之間的簡單「攻防戰」，它所涉及的各方持份者利益必定縱橫交錯。危機管理者需要有足夠的能力，將自己的邏輯推論思維抽離於「危機」的泥沼中，使用提高數個層次的眼界仔細察看全局，而不可單單於危機管理者的本位作審視與思考，方能清晰了解全局及問題所在和各持份者的利益所在。危機管理猶如行軍作戰，沒有綜觀戰局的能力，又焉能制訂適合的作戰計劃行軍作戰？要能綜觀全局了解問題，才能運籌帷幄，從容化解複雜的危機。

第三，懂得換位思考。許多時候企業的管理層礙於企業文化、自身水平又或是林林總總的原因，不能及不懂得換位思考。他們只以居上位者的心態，站於己方的立場和利益去想事情，未能看到各方持份者的所需，這樣並無助於解決「危機」中各個問題所在的「結」。優秀的危理管理者必須有懂得換位思考的思維邏輯，能夠跳出自己的崗位，代入各持份者的身位眼界，嘗試由對方的角度去看面前的「危機」，從而參透出各持份者於「危機」中的想法。

第四，明白各持份者所需。危機管理者如果有足夠的眼界與能力，代入了各持份者的角度去看面前的「危機」，必定可以了解各持份者，例如「危機」的受害人、客戶以至傳媒於「危機」中的所需。這自然能夠梳理出各方希望得到的「利益」，進而再策劃「滿足」各方所需的策略，繼而執行解決「危機」的計劃。

第五，能夠適當滿足各持份者。有時候了解到別人所需，並不一定可以完全滿足對方。可是危機管理是一場與各方持份者博奕的遊戲，能夠透過適當的技巧滿足各持份者所需，「危機」自然能夠朝解決的方向發展。我們嘗試簡單列出各持份者於「危機」中的所需：

	持份者	所需
1	企業或團體本身	盡快解決危機令機構回復正常運作
2	企業或團體管理層	盡快解決危機令機構回復正常運作
3	企業或團體公關人員	適當的公關策略解決危機
4	企業或團體的客戶	減輕危機為己方帶來的損害
5	傳媒	了解更多事實的資料以作報道
6	公眾	獲悉事實真相解答心中疑團
7	當事人或受害人	適當的補償，例如賠償和道歉等

　　優秀的危機管理者可以將本位者面對的「危機」適當地解決，盡最大程度減輕「危機」所帶來的損害，某些特別的情況更可以轉「危」為「機」，透過於公眾前表現出出色的危機管理技巧，展示出高強的處事能力，贏得形象分以及許許多多有形及無形的收益，例如藝人黎明處理 2016 年演唱會因未能符合相關部門的安全條例而需臨時取消的「危機」，即為一鮮明的例子。

網絡世界與「公關災難」

　　「公關災難」亦是近年流行的一個公關學上的名詞。它和「危機」既相似相近，同樣帶有高度危害性卻又帶有點點不同。「危機」主要是由於個人及企業的內外部問題而產生，這些「危機」可以是天災人禍或其他非公關性問題所引起；而「公關災難」較主要是指個人及企業於公關手法上的處理不當，而衍生的問題及負面效應。

　　「公關災難」的成因往往是因為本位者的公關眼界及技巧不足而造成，許多時候更是由於本位者自發的不智舉動所致。今天最普遍的是某些品牌為宣傳產品及提升品牌其形象而進行的網絡社交平台發帖及廣告，因為沒有考慮周詳而適得其反，並成為公眾的笑柄以及網絡世界熱議廣傳的話題。

　　在互聯網時代之前，「公關災難」其實亦已存在。「公關災難」一詞於近年擁有愈來愈多的「曝光率」以及愈見獲得重視，相當程度上是由於傳播渠道及平台的高速發展，例如互聯網速度的提升和智能手機的普及應用等。即使有關「公關災難」並非網絡世界或社交媒體上發生，然而這些平台卻擁有瞬間傳播的能力，大力地促使「公關災難」的形成與升溫。

　　而由於網絡世界已成為我們生活中不可或缺的一部分，所以主流傳媒都會在網絡上「部署重兵」，安排記者時刻留意網

上討論區及社交平台的熱話作跟進報道。傳媒的報道又令這些「公關災難」的損害性倍增。

許多團體、機構及政府部門對於社交媒體帳戶的管理，缺乏長遠的眼光和足夠的判斷力，以為這是一門相當容易簡單的工作，只是「上網寫下嘢宣傳」，從而隨便使人兼任及管理。這些機構的管理層礙於年齡層或自身水平能力的原因，並不明白問題的嚴重性，他們往往未有察覺到，由沒有公關管理觸覺和不諳網絡世界語言的員工把守的社交媒體帳戶，卻是現今世代最主要的一個對外窗口之一。如果機構社交媒體帳戶的管理員，以隨便發文或回應的方式管理有關帳戶，等如任用一位沒有公關觸覺及專業訓練的員工，為機構擔任發言人一樣，會帶來可怕的「公關災難」。近年屢屢出現的網絡「公關災難」便印證了這一點。

社交媒體為企業提供一個推廣宣傳的平台，讓其建立年輕形象。然而由於社交媒體平台的公開性，使得公眾可以輕易在企業社交媒體專頁上公開投訴，管理者如處理稍有不當，便隨時演變成「公關災難」。在網絡世界中發表意見而非本人親自現身發言的情況下，公眾往往比現實中更勇於在社交媒體上表達己見及對企業服務或產品表達不滿。故此如何掌握駕馭社交媒體的管理技巧，亦漸漸成為一門專門的學問。

在網絡世界上發生的「公關災難」看似嚴重，但是這些「公關災難」卻帶有一個特質，在訊息爆炸的社會及社交媒體上，它就如同一根點燃的火柴，剎那光熱明亮，可是卻很快熄滅回

歸平淡，並被另一根點燃的火柴搶到吸引力。某些「公關災難」可能會影響到個別人士、群體及公眾對於企業的印象，惟有關印象記憶於人們腦海中往往並不長久，除卻某些根本性原因，例如服務及食品的安全問題等，公眾比較少因為企業的單一網絡世界「公關災難」而永遠放棄企業的服務與產品。在經過訊息消化的過程後，公眾選擇企業的服務與產品時，往往會回歸到以價錢及性價比作為主要的決定標準。

在衡量企業在網絡世界裏「公關災難」的嚴重程度時，我們不妨以下面的一些層次作界定參考：

第一層次：網絡推廣策略及應對管理出錯
第二層次：企業發布的訊息顯示價值觀與主流意願違背
第三層次：安全、道德及違法等嚴重問題影響企業，致使於
　　　　　網絡世界中遭受公眾抨擊

在網絡世界進行市場推廣及銷售等行為時，無異於實際世界，我們需要讓公眾及潛在客戶感到「愉快」繼而促成消費，而非讓大家「不高興」轉而離開。這裏提醒大家，作為企業的社交媒體帳戶，是絕不應該刪除不合意或是抨擊的意見留言。堂堂企業的社交媒體之大門既已打開，就應遵從遊戲規則接受意見，以免予人「小家」之感。我們該花時間想的，不是如何刪帖刪負評，而是如何大方得體地回應意見，並跟進解決問題的措施，從實際的方向去解決問題。

平反公關

公關有時候會背負上一些「罪名」，藉此機會平反一下。

有些企業以為聘有公關人員或顧問，便等於發布任何消息或舉辦任何活動，即使是沒有具體內容，又或是只有企業或客戶認為是重要非常的活動，都能獲得大篇幅的報道。如果未能達到有關效果，企業便會認為是公關人員的專業水平有問題，致使造成有關的情況。

在前面分享傳媒運作的部分中已提及，訊息的內容角度和新聞性等都會影響傳媒報道與否以及篇幅。有時候我們遇過一些情況，就是項目在開始構思之初及策劃的過程中並沒有加入公關意見，到後期才邀請公關顧問加入，以作邀請傳媒報道的工作。

可是公關顧問接手之時，有關的活動方向和內含元素等已然大定，公關人員已沒有相對足夠的空間來加入可以吸引傳媒報道的元素，而只能被動的將現有的資源整合出一些特點來向傳媒作推介，以及繼續做一些執行性的工作。這樣效果當然不會好，可是這並不是單單公關顧問或人員的責任，最大的責任是來自活動構思者本身。要籌辦一個優秀而具有良好傳播效果的活動，在活動構思之初加入公關意見是必要的。

又有一些情況是，某企業爆發「危機」或「公關災難」時，有關企業的公關人員往往是被認為公關工作做得不好才引發如此問題。的確，某些「危機」或「公關災難」是由於個別公關人員缺乏視野及水平而造成，而且作為公關人員是應該時刻準備好應對「危機」。

可是我們看到更多的「危機」或「公關災難」都是由於企業的決策錯誤或其他的問題造成，而非公關的責任。我們親歷過的亞視財政危機及停播危機都屬於此例。許多時候我們可以說企業整體的公關形象有待改進，然而將所有責任放於公關人員身上卻有欠公允。較為客觀點的看法，是看公關人員於危機管理上的應變能力與實際執行技巧。

另外有一些情況，某些公眾人物或企業的危機管理個案，因處理不佳而廣受負評，有關的公關人員亦被評為「功架」不足。雖然每一宗個案的內情我們無法全部得知，不能妄下評論，然而我們遇上的情況以及從公關、記者朋友分享時所聽到的，有不少的情況是公關人員憑其專業認知及判斷，向客戶或企業的管理層提出了最適合情況的建議，惟決策者卻「乾坤獨斷」只着令公關人員執行他的想法，讓事情成為了經典的「案例」。另外，許多時候企業傳統的固有處事風格，亦會限制了公關人員的處理和發揮。

對我們而言，管理「危機」才是最有挑戰性的公關工作，每次成功管理好一次的「危機」，縱然過程辛苦，可是對公關人員而言都有莫大的滿足感，這亦是公關工作最讓人着迷的地方。

危機管理中，最讓人洩氣的就是決策者未能接受公關的專業意見，而導致更大的損害，眼睜睜看着「公關災難」的發生才是最教人失望的。許多時候決策者本身於社會經驗及人生歷練上有不少的經歷，並有着不少的成就，卻引致造成一種錯誤的想法，就是認為自己的判斷和看法可以凌駕其他的專業，又或是可以作出比公關人員的建議更佳的決定。這當然是有不少成功的例子的，但以危機管理的情況而言，卻又往往是失敗的例子居多。

　　這裏給大家一點意見，選擇公關人員或顧問時可以「不信不用」，然而選用了就必須相信公關人員提出的專業意見和建議，這樣才能讓公關發揮最大的價值。同樣對於公關人員而言，如果不能得到決策者的信任，也是「掛冠求去」之時，因為決策者不信任建議的話，公關人員還會有發揮的機會以彰顯自己的價值嗎？

CHAPTER THREE

我的公關

———

兩位作者處理過的公關事件分享

我的公關——葉家寶篇

1.「亞姐之父」看「亞姐公關」
葉家寶

▲《ATV 2014 亞洲小姐競選》冠軍張軼珺 (中)、亞軍唐淑薇 (左) 及季軍陳洋鈴 (右)。

　　打從 1985 年第一屆《ATV 亞洲小姐競選》開始，我們知道有關選美節目不單是要打一場「選美戰」，更是一場「公關戰」。所以當第一屆《ATV 亞洲小姐競選》的消息在市場「放風」後，已引起傳媒的關注。幸好那時的傳媒比較簡單，沒有「網媒」和「即時新聞」，也沒有「狗仔隊」，大家都是在紙媒上炒作做文章。

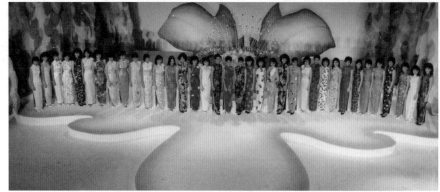

▲ 1985 年首屆《亞洲小姐競選》準決賽於百麗殿舞台舉行。

▲ 1985 年首屆《亞洲小姐競選》冠軍黎燕珊
（中）、亞軍潘先儀（右）及季軍葉玉卿（左）。

▲ 1986 年《亞洲小姐競選》冠軍利智（中）、
亞軍黃麗英（左）及季軍吳寧（右）。

　　那時娛樂雜誌比較多，差不多每天都有不同刊物出版，最好是我們的傳媒活動，正趕上他們出版的頭條。當時亞視的公關大員正是胡雪姬女士，我們為了避過記者採訪面試的情況，都用過不同的地方作為亞姐面試場地。畢竟大家對未經過包裝的佳麗總是信心不足的。由於第一至第四屆的《ATV 亞洲小姐競選》，都是亞洲電視主辦，並委托了當時我服務的「富才製作公司」做製作，而「富才製作公司」的老闆，正是電視及政界女強人周梁淑怡女士及她的拍檔陳家瑛女士。

▲ 1995 年《亞洲小姐競選》冠軍楊恭如 (中)、亞軍黎淑賢 (右) 及季軍黎思嘉 (左)。

▲ 1995 年《亞洲小姐競選》第五名及最受傳媒關注獎得主宮雪花。

　　陳女士亦是我在 TVB《歡樂今宵》任職時的第一個上司，她們都是有「橋」之人，所以在每一屆亞姐競選，都不乏話題性的新聞。

　　1985 年第一屆亞姐的準決賽，在邱德根先生旗下影院「百麗殿舞台」舉辦，還故意拆了後台一部分，以容納當時以洋紫荊花瓣為設計的舞台。為了迎戰無綫同日舉辦的《健美小姐》比賽，所以我們在節目上都花盡心思，事先張揚將有第 37 位佳麗參選，那正是當時《唐朝豪放女》的夏文汐小姐，當然她不是一起參加比賽，只是以她作為一個宣傳噱頭，希望引起觀眾的興趣及關注。其後每一年的亞姐活動，我們都在公關層面展開話題性的輿論，引起廣泛關注及討論。

　　例如第二屆的亞姐選美，我們已以突破性的場地作為比賽

地點。1986年第二屆亞姐準決賽，我們使用當年最多高貴豪華品牌集中的商場「置地廣場」作為比賽場地，並以當時的長扶手電梯和中間的噴泉融入了舞台設計的一部分，透明舞台跨越噴水池，美女從電梯如仙女下凡，已引起傳媒的關注，如何在商場做一個選美直播，已是一個話題性的炒作。

當然那年還有美女利智和陽光睿智女孩陳奕詩等等，亦為大賽的宣傳加分。其後的總決賽，我們更以象徵香港金融中心的中環作為比賽場地，在皇后像廣場架設舞台，一夜之間幾百工人在皇后像廣場搭建，將平地變成華麗燦爛的舞台。還記得開場的歌舞，舞蹈藝員及表演者更在附近的建築物，如匯豐銀行、中國銀行、渣打銀行、太子大廈內高層放送色彩繽紛的氣球。周梁淑怡及陳家瑛在開場曲完成後擁抱，那個喜極而泣的場面，至今依然歷歷在目。第三屆的亞姐競選，我們更在容納八千觀眾的紅磡體育館進行總決賽。

▲ 1995 年亞姐在巴黎拍外景。

▲於新伊利沙伯體育館舉行的 1985 年首屆《亞洲小姐競選》總決賽。

　　從這三屆亞姐競選場地的選擇，可以看出在設計時已考慮到公關宣傳角度的亮點，成為市民媒體的關注及話題。由傳統在錄影廠、劇場式的選美文化，帶大家去一個意想不到又很代表香港的地點舉行，這都經過精密的考慮及推算。

　　其實歷年《ATV 亞洲小姐競選》的每個環節，我們都會「出奇制勝」和「意想不到」，其實這又是我們做公關首要的「八字箴言」，「橋」及「亮點」亦是成功公關的重要因素。例如每一屆司儀的選擇；外景場地除了客戶贊助因素外，還有什麼特色的賣點吸引觀眾，選美問題的設計，不同服裝的配搭等等。當外景環節成為「例牌菜」時，我們就將節目播出時剪輯到最短最精彩，而將外景所拍攝的大部分片段製作成為記者連日隨隊拍攝的話題，以及之前宣傳的花絮。其後泳裝的設計及星級訓練課程的導師，都可成為記者的焦點。記得有一年亞姐競選，我們除泳裝環節外，還有睡前服和透視裝，如何將這些尺度比較大膽的設計，既可通過廣管局的監管，又不流於低俗，都成為每屆記者熱追的新聞。大美人港姐李嘉欣有一次來給亞姐分

享選美保健心得，也惹來水洩不通的記者群。

　　如果要數最成功的亞姐公關宣傳策略，當推 1995 年不限年齡參選的條件，那年既有宮雪花、陶安仁，又有楊恭如；既有花姐的 47 歲，又有陶安仁的 16 歲及楊恭如的 21 歲，而且三位都各具自身年齡的特色美，正符合了我們設計這個放寬年齡的果效。所以有時公關有「橋」，還要有「天時」、「地利」及「人和」的配合，才能達到極致的效果。

　　由於《ATV 亞洲小姐競選》由報名到總決賽，早期可能是四個月至半年內完成，自從 2004 年擴大為正式亞洲區的選美盛事後，整個公關宣傳期長達七至九個月，要維持這麼長時間都能吸引傳媒的話題亮點，所以就會逐步揭開選美的面紗，讓傳媒每次來記者會，都得到他們需要的話題。

　　選美除了充滿娛樂性的公關焦點外，亦很容易有負面的公關新聞，如早期的「露毛」事件、虛報未結婚事件、曾拍不雅相片的新聞，以及佳麗勾心鬥角的奇招。作為電視台的公關，都要盡快平息這些負面新聞的影響，慢慢將負面新聞變為正面，引起大眾的同情關懷，這都是我在亞姐選美上學到的「公關秘笈」。

▶策劃推出《ATV 亞洲小姐競選》的前亞洲電視股東邱德根先生 (中)、首屆亞姐冠軍黎燕珊小姐 (右) 與我攝於 2009 年仁美清敘重組活動上。

2.「過山車」450 天的公關體驗
葉家寶

▲《ATV這一家》節目錄影。

　　打從亞視第一次發不到薪金開始,到我正式離開亞洲電視,足足有 450 天。期間每月都需要忙於籌謀員工發薪事宜,每天亦可能隨時因員工的情緒波動而令訊號轉播中斷、直播出現故障等等,而招來被通訊局指違反廣播條例而吊銷牌照,亦可能出現員工的大規模逃亡潮,甚或罷工怠工。慶幸我在這 450 天的「過山車」人生,經歷了高山低谷,終於都能完成歷史使命,更使我學到公關寶貴的一課。

　　在我 2014 年臨危受命,接任亞視執行董事不久,那時我還有很多雄心壯志和一連串的計劃,要將亞視成為反映 700 萬人

的聲音、反映社會和反映時代的傳媒機構，亦帶給香港觀眾不同的娛樂及資訊，例如直播香港足球總會的「第一屆香港超級聯賽」；直播已於亞視頻道消失十多年的端午節龍舟競渡，讓香港人反思傳統的中國文化；佔中期間，亞視在人手緊張的情況下，依然做了不少的新聞直播，這都歸功於一眾「愛亞視」、「迎難而上」和富有拼搏精神的員工，堅守崗位。但另一方面亦可說是我及管理層和公關團隊的成功公關，才令亞視可於困難中維持廣播，直至免費電視服務結束的瞬間。

當我出任執董不久，我亦馬上展開了「與執董午餐」活動。我每周抽一至兩天的時間與不同的部門、不同階層的同事在亞視飯堂，以每次兩桌共 24 人的方式，一起午餐，藉此機會向同事們闡述公司的發展及我的抱負，亦讓每位員工講述自己對公司的期待及要求改善的地方。我希望盡量透過飯局的對話，消

▲《萬眾同心撐亞視》節目獲得多個友台派員支持。

弭同事們對公司的誤解。我深信這個每周的內部「公關飯局」建立的聯繫和感情，有助我日後在亞視困難時期，依然可以帶動亞視團隊，上下一心，繼續緊守崗位。當時我計算過，半年之內，便可與亞視全體員工吃過一次午餐，大家都可以坦蕩蕩的說出心底話，我亦希望可以記得他們的名字，日後在公司碰上時，相互可打招呼問候。

亞視一向有每個月舉行一次員工大會的習慣，在這 450 天內，我也主持過不少次的員工大會，有些是全體員工，有些是不同部門的員工，亦有些是小組員工，哪裏有事發生，我便走到他們那裏去。這也是一個良好的公關策略，因為藉着着不同的員工大會，內容必會在員工的自媒體流傳，透過 Facebook、微信和微博傳播。傳媒亦會打探每次員工大會的內容，亦可以將一些正面的訊息，廣泛流傳。

積極掌握新聞導向，亦是當時的一個公關策略。為了讓消息可以正確地傳遞，我建議製作部門推出數個電視節目和宣傳片，例如《ATV 這一家》、《萬眾同心撐亞視》和亞洲會支持的《聖誕新年金曲夜》，以及由鏡面宣傳科製作的多條充滿溫情的宣傳片等等，都在傳遞着亞視的光輝日子。那些耳熟能詳的亞視經典電視劇主題曲，喚起了公眾對亞視的回憶，不同階層的社會團體都在撐亞視，形成一個亞視人並非孤單作戰的氛圍。另外我差不多每天都接受不同傳媒的訪問、出席直播節目及接受專訪。我認為亞視處於危機之中，在公眾知情權和公司資料保密上亦需要取得平衡，故此在可行而不會違反董事會的保密協議的情況下，我亦盡量滿足傳媒及公眾的知情權。故此

那段期間也不見太多對亞視的負面新聞描繪，全因我、黃守東及其他管理層同事的共同商議，群策群力，主動與傳媒溝通，杜絕不需要及負面的揣測，這亦收到不錯的效果。

以前我沒有寫博客的習慣，黃守東又建議我應開始每天寫亞視的發展，促成了「家寶博客」的誕生，並轉載於各社交媒體上，讓公眾及傳媒可隨時於這個新的途徑了解到亞視的發

▲接任執行董事後，我時常舉行記者會向傳媒公布亞視的最新消息。

展和我每天的生活動態。這不失為一個發放新聞的良好渠道。直到現在，我還有寫博客及於 Facebook 更新動態的習慣，但卻已沒有每天都寫的衝動了。

良好的心情、愉悅的笑容、不亢不卑的態度，滿有信心的衷心直說，都是我接受傳媒訪問時所持有的一個原則。現在回想起來，450 天的公關實戰經驗，活像上了 450 天的公關課程，當中每一個行動，也是公關學的最佳例子。

我的公關——黃守東篇

1. 亞生亞姐「上天下海」招募宣傳活動
黃守東

▲我與公關同事和一眾亞洲先生及亞洲小姐攝於《ATV 2013 亞洲小姐競選》及《ATV 2013 亞洲先生競選》遊艇巡遊招募活動上。

我在亞視的日子裏，每年的《ATV 亞洲小姐競選》和《ATV 亞洲先生競選》都是公司重點的大型項目，在對外宣傳上我們會大概分為數個時期，包括啟動及招募、面試、公布入圍名單、訓練備戰和總決賽。

按我這些年的經驗，無論亞姐或亞生比賽，參加者面試的活動乃至及後公布入圍名單後的傳媒活動，一眾參加者的表現

往往能夠吸引傳媒報道。相反我們在招募期的宣傳，是比較需要一點新意噱頭來吸引傳媒報道的。我印象很深刻的便是 2013 年的《ATV 亞洲小姐競選》、《ATV 亞洲先生競選》「上天下海」招募宣傳活動。「下海」的活動相對比較簡單，我們租用了遊艇並安排往屆亞姐及亞生藝員同事登船，並於維港兩岸岸邊作海上巡遊，呼籲市民參加比賽。然而「上天」的活動則比較複雜，這裏和大家分享一下。

記得那是 2013 年的《ATV 亞洲小姐競選》和《ATV 亞洲先生競選》招募季節，多年以來我的前輩及我本人都想過及用過多種招募宣傳的方法，例如舉辦商場記者會、到沙灘招募陽光男女、到蘭桂坊找型男索女、租用開蓬巴士於鬧市巡遊等等，幾乎能想到的方式都已做過。那究竟還有什麼有新意而又能吸引大家注目的宣傳手法呢？

當日苦思良策之際，某晚深夜時分於街上看到維修

▲我與張家瑩於亞視總台先測試升降台工作車升空情況。

工人搭乘升降台工作車維修街燈，升降台升至數層樓高度讓工人工作。忽發奇想，可否於日間人流暢旺的鬧市中，將我們美麗的亞姐升高呼籲大家參選呢？要是成事的話相信必定能吸引群眾的眼球。第二天我馬上將想法與同事們討論，也請教了不同的人士及一些部門機構，研究事情的可行性。那時我聽到最多的聲音是「要經這個那個申請審批」、「等消息」、「等回覆」、「做不了」，又或是「你不要做吧」。

當時我有一種信念，就是我覺得這是可行的話，公司又批准我的想法，我就很想去把它實現出來做到它，因本港從未有選美活動辦過這種方式的宣傳。在解決了多個問題之後，還記得那天我和同事冒着大雨，由大埔工業邨到了將軍澳工業邨，視察預訂的升降台工作車，在弄清一切法律及規例問題後，我們便馬上下訂租車，一定要把想到的點子「做到」和「做好」。

其時我們計劃安排兩位亞姐張家瑩及顏子菲參與這項活動，由她們於旺角砵蘭街與奶路臣街交界，朗豪坊商場對開的鬧市登上升降台工作車，在升至五層樓的高度時，放下大幅直幅海報並呼籲市民推薦俊男美女參選。

兩位同事聽取這項工作簡報時，並沒有實際感受到升高後的高度，所以我特別安排於活動開始前，讓兩位亞姐先於總台一試「升高」的滋味，好讓兩位有個心理準備，方正式外出到鬧市進行活動。兩位美女從未試過如此方式宣傳，眼見升降台工作車說不怕也是騙人。作為活動的策劃者，要讓人有信心執行你的構思，必須以行動說服他人，所以作為策劃者的我也身

先士卒，與亞姐們踏上升降台，同試「升空」滋味。

活動正式舉行時升降台工作車將亞姐張家瑩和顏子菲「升空」，升高至數層樓的高度，再放下大幅直幅海報，配合兩位美女與兩位猛男亞生林睿和徐丁於現場高聲呼籲，成功吸引了傳媒採訪和翌日的大篇幅報道，現場亦有大批市民駐足觀看並把行人路擠得水洩不通，有關情況亦達到了我們預期的效果。

亞視是個講求創意的地方，資源不是最充分的時候，就要時刻想出好點子出其制勝；而亞視亦是一個給予年輕人機會的地方，你的想法只要有特色而可行，公司總會有機會讓你把它實踐出來。這件事情再次印證了，認定可行的事情，就要努力排除萬難去「做到」、「做好」它。還有一樣也是我常跟同事們說的，要多留意身邊的事物，許多時候與別不同的點子，就是來自大家最不為意的身邊。

▲張家瑩及顏子菲在升降台工作車上展示《ATV 2013亞洲小姐競選》及《ATV 2013亞洲先生競選》招募宣傳直幅海報。

2. 亞姐在外地
黃守東

▲《ATV 2013 亞洲小姐競選》眾佳麗與我及工作人員們攝於福州客戶活動後。

　　每年的《ATV 亞洲小姐競選》賽事都會有多個內地贊助商贊助，一般由亞視於廣州的內地營業部與客戶洽談及簽訂。有關的贊助合約往往包括一系列的公關活動，例如安排參選佳麗們到內地贊助品牌的門市店出席宣傳活動、以嘉賓身分出席贊助商的大型年會，以及獲獎佳麗們到贊助商總部出席頒發贊助獎品的頒獎禮等等。

　　在負責亞姐項目的公關宣傳工作裏，我每年都要花上相當

▲ 2007 年亞姐冠軍張家瑩。　　　　▲ 2008 年亞姐冠軍姚嘉雯。

時間跟進各項有關內地贊助商公關活動事宜，以及策劃和執行涉及公關部份的合約活動。這些活動需要與內地不同的合作單位，例如客戶方的市場部人員和客戶外聘的公關廣告公司等跟進溝通。有關的合作都是相當愉快的，亦讓我有機會結識了不少大江南北的好朋友和建立起珍貴的情誼，當然亦最要感謝各方客戶對亞視及《ATV 亞洲小姐競選》項目的支持。

　　不同地方的朋友們都有着不同的處事風格和習慣，在執行有關活動的過程中，雖然我和團隊的同事們都和對方緊密溝通，但有數次的經歷亦教我難忘，包括有對方對於指定餐膳的理解有所不同而讓人哭笑不得；原先的一般就餐安排轉變為一場客戶宣傳活動等等。

公司對於每年的亞姐參選佳麗都有完善的監護制度，並嚴格管理佳麗們的言行舉止、住宿安排和休息時間等。在帶領亞姐佳麗們往外地工作中，我和團隊同事除了執行和完成既定的活動任務及與客戶建立良好關係外，許多時候我的同事們亦會協助公司負責管理佳麗們的大會監護人的工作，例如安排佳麗們的交通；適當地滿足佳麗們合理的要求，如代購日用品等。

▲ 2008 年亞姐亞軍顏子菲。

和亞姐佳麗們到大江南北工作，是我在亞視生涯中其中很難忘的經歷。人在外地，情況有別，時刻需要和對口單位清楚溝通一切，並需臨場處理各種突發的情況和與佳麗們有關的事宜。有時候佳麗們離開家人數月來港參賽，加上排練、拍攝、傳媒活動和公關活動等的緊密行程往往教她們疲累不堪易生情緒。我和公關同事們都是年輕人，年紀比佳麗們略長，適當時候我們亦會照顧她們的情緒和聆聽她們的感受，亦為佳麗們打氣鼓勵她們勇敢面對各項工作和比賽。

在亞姐競選期的數月裏，因應對外造勢的策略我們會安排

一系列的傳媒活動，和佳麗們幾乎天天都在電視台裏或外間活動場地見面，加上時有需要帶隊到外地活動工作，時常緊密的工作接觸以及一同經歷她們難忘的參賽時間，亦讓我和許多的亞姐們於比賽結束後，都成為了好好的朋友。

在此亦祝願我的亞姐好朋友們，在事業和家庭上都有良好的發展和美滿的幸福。

▲ 2011 年亞姐冠軍馮雪冰。

3. 亞視 55 周年台慶——北京站

黃守東

▲ 葉振棠於亞視 55 周年北京站台慶晚會上帶領過百藝人演唱《萬里長城永不倒》。

　　2012 年亞視 55 周年，當時於北京、香港及深圳舉行過三場大型晚會，其中北京站一場最後「掟壽包」一幕，相信大家仍歷歷在目，有關情況更為網民爭相轉載。關於晚會的效果，相信每人心中也有自己看法，這裏不再討論，反而和大家分享我於活動中的經歷與感受。

　　記得當年我隨時任公關及宣傳科主管於活動前曾多次到北京，分別籌辦記者會、與各相關單位會議、場地視察和作香港傳媒採訪的事前安排。印象較深的是活動前公司希望於北京籌辦一場大型記者會向當地傳媒公布有關晚會活動的消息，惟當

時亞視北京分部的同事卻未有有關籌辦傳媒活動的經驗，故此就該場記者會，我們曾多次到京準備，又於香港遙距控制各項物資調配，可說是一場「在香港籌辦的北京記者會」。這場活動讓我適應了北京同事的工作文化，亦是一場愉快的合作體驗。

在晚會前一天我們按慣例於會場內進行拜神儀式，既讓工作人員求個心安，亦製造一個場口予到當地採訪活動的香港娛樂版傳媒報道晚會的消息。這裏印象很深的是當時活動場地萬事達中心，即 2008 年北京奧運時的五棵松籃球館，極度嚴格限制不能於整個會場範圍內燃點火種，即便如點燃香燭作儀式亦不獲批准，故此我們只能用未點燃的香觸進行儀式，再於儀式後讓工作人員帶到會場外燃點補作儀式。電視行業有着一些傳統的信仰習俗，開鏡拜神儀式在行業內受到重視，大家都會藉儀式為節目及工作人員作出祈求，希望一切工作順利。

那次晚會後我聽過有同事討論，有關晚會的效果是否和當日拜神未能即場點燃香觸向神明作祈求有關云云。我相信一切的成果都是需要靠自己的努力而得來，世上並沒有特殊力量可以促使某些效果，惟我多年來亦帶着尊重的心籌辦過多不勝數的拜神活動。至於這次拜神事件與最後晚會效果的關係，則由大家來作判斷了。

而數大家最深刻印象一幕，必然是晚會結束前「掟壽包」一幕。首先在這裏澄清，那不是「壽包」，而是塑膠製作的「壽桃」。當天我負責傳媒採訪安排的工作，記得晚會開場時過百藝人於台上由葉振棠先生帶領，向全場滿座的一萬多位觀眾唱

出台歌《萬里長城永不倒》，那股氣勢深深地撼入我這個「亞視迷」的心內，那壯觀場面至今不忘。後來可能由於北京市民的生活習慣與港人的習慣相比，作息時間較早，所以在場觀眾隨晚會時間的推進而不斷離場。我個人當時對於觀眾離場的情況，亦是感到相當詫異的。

4.《ATV 2012 亞洲先生競選》
黃守東

▲《ATV 2012 亞洲先生競選》冠軍朱曉輝 (中)、亞軍王凱 (右) 及季軍黃集鋒 (左)。

　　大家還記得《ATV 2012 亞洲先生競選》嗎？那年的賽事的公關宣傳工作按計劃如期順利完成，惟賽事結束後卻發生了一場危機。

那年的比賽結束後，冠軍朱曉輝以及數位來自內地的亞洲先生的簽證，因某方面的處理出現情況，導致超出可留港期限而遭到入境處調查，事情更遭到傳媒的頭版報道，成為了一時的社會話題。由於此事已涉及傳媒的追訪報道，故公司希望由一位擁有應對傳媒經驗、而與眾亞洲先生熟識且年紀相若的人選處理此事，方便溝通及穩定情況，故此我遂被公司視為處理此事的不二人選。這裏和大家分享處理這次危機的一點感受。

記得那星期我每天陪同幾位亞洲先生，由上午 8 時直至凌晨到入境處就事情錄取口供，而在完成有關程序前眾人暫不能離境。當時我除了在冷氣強勁的辦公室協助有關安排及等候十多小時外，還需要穩定各位亞洲先生的情緒。他們於先前早已安排好競選結束後於內地的各項工作，未能離境而需留港配合調查自然影響他們的工作與收入，那時亦未知道調查需要的時間以及可能出現的後果。

而且入境處門外也每天駐有傳媒守候事情的進展，再加上傳媒的報道，亦造成眾人的巨大心理壓力。當然，連續多天每天十多小時的錄口供程序亦消磨着大家的精神和體力。故此，當時眾人每天的情緒亦大受影響，並較為波動。

當時我的判斷是，由於事情仍處於調查階段，故有關事情的情況暫不便對傳媒透露和回應，以免對調查有所影響，亦加重眾人的壓力。同時我亦提醒眾人即使傳媒於我不在陪同時聯繫上他們，亦只能禮貌地向傳媒表示暫不便回應，以免失言惡化情況。

那時候除了作出配合處方工作的安排外，穩定眾人的情緒亦是非常重要，這有助令眾人能夠冷靜回憶及講述事情的實際情況，讓有關錄取口供的程序可以順利完成，並有助調查工作的進展，希望盡量縮短調查的時間。

那年亞視於北京、香港及深圳舉辦三場大型台慶晚會，關於此次危機的時間正與深圳台慶晚會的日期有所交集。當天原定下午關於冠軍朱曉輝的調查結束後我便立馬帶他趕赴深圳出席晚會，可是有關調查一直延至深夜才告結束，所以我只能和他兩人宵夜「遙視台慶」。

有關事情後來查明後亦順利解決，這亦成為我於亞視工作中，較深印象的一次危機處理工作。

5. 政府總部集會

黃守東

▲「關注香港未來」集會。

在 2012 年及 2013 年亞洲會分別於政府總部舉辦過「關注香港未來」及「支持良心電視」集會，相信大家對於活動的新聞必有印象。對於兩次集會的看法和效果，相信各位自有判斷。我於此兩次活動上也有些難忘的片段可以分享。

2012 年的「關注香港未來」集會，由於活動的相關議題受到社會及傳媒廣泛關注，所以當天現場有過百位記者到場採訪。記得當天傳媒均希望直接訪問王征先生，加上另外亦有對活動持有相反看法的人士到場，希望與王征先生對話。這些場面均為傳媒所希望捕捉。

▲「關注香港未來」集會上，傳媒追訪王征先生的情況。

　　當時王先生於活動場地內四處活動，亦時而對傳媒發表一、兩句發言，又與持相反看法的人士互相對話，讓記者們疲於奔命拍攝。情況發展至活動尾聲時，已略呈混亂局面，過百位記者及其他人士圍繞王先生於場地內四處走動。由於現場有大批記者、亞洲會人士、亞視職藝員及持有相反看法的人士等，加上有關活動為亞視現場直播，圍繞王先生的人群更進入直播的鏡頭內。

　　我當時的判斷為如果現場混亂的情況持續，將有可能影響現場人士的安全，如果其中一人不慎跌倒遭到人群踐踏而受傷，相信是沒有人願意看到的；再者如果人群衝入直播鏡頭內影響直播，將會造成更大的混亂以及對活動的觀感造成更大的損害；加上現場情況已經不能讓傳媒有效採訪王先生。

▲「支持良心電視」集會後傳媒追訪盛品儒先生。

基於安全第一及以上各項考慮下，我馬上請王先生的助理安排車輛到場，而我再衝入人群中慢慢將王先生帶離人群離開現場，並向傳媒表示稍後再由活動發言人整體再對傳媒發言。此事後某次活動上我再與王先生碰面，王先生亦感謝我當天當機立斷的決定，以免出現不愉快的場面。

▲盛品儒先生於社交媒體上上載的相片。

2013年的「支持良心電視」集會，在時任執行董事盛品儒先生發言後離場時，現場大批傳媒亦同樣圍繞盛先生希望作出訪問。惟由於事前已獲知盛先生不欲於該次活動受訪的決定，所以現場的保安員和工作人員隨即護送盛先生離場。其時在我面前有一位工作人員因護送時人多碰撞，與一位攝影記者言語上有所衝突，更有升級至肢體衝突之勢。

如果在當時的情況下發生有關的肢體衝突，除了是極不愉快事件外，亦必定為傳媒鏡頭所完全捕捉，這些「公關災難」的後果將不堪設想。故此我當時亦不考究對錯，立時把那位工作人員拉離人群並作訓示，以免有關情況發生。記得當天晚上我在盛先生的社交媒體帳戶上看到一張由盛先生上載他離場時的相片，相片由政府總部外天橋上拍攝，我看到相片時亦驚覺當時人群之多。

▲葉家寶先生與我在「支持良心電視」集會上。

6.「殭屍」打「馬騮」

黃守東

▲《我和殭屍有個約會》「打馬騮」宣傳活動。

亞視近年劇集作品不多，不過提到亞視出品的劇集，相信無論大家是否亞視的觀眾，都會聽過亞視有一系列劇集叫《我和殭屍有個約會》。記得 2014 年夏季友台於黃金時段曾播放內地劇集《西遊記》，當時也有不少觀眾向我們反映意見，希望我們於同時段播放《我和殭屍有個約會》。

在經過多次管理層及部門會議討論後，公司決定「點將出征」，以《我和殭屍有個約會》這套在首播時廣受歡迎的劇集於黃金時間「掛帥」，對攏友台的《西遊記》，那麼劇集的宣傳工作又落在我身上了。

由於《我和殭屍有個約會》這些年來已於亞視頻道上重播，

故此如何包裝一套不是首播的劇集於黃金時間播出遂成為我這次工作的重點。這裏我遇到的一個難題是，《我和殭屍有個約會》劇中的多位演員因為檔期、信仰，乃至已簽約友台成為友台藝人，以及其他種種原因未能出席我們計劃的宣傳活動。在沒有劇集演出藝人能夠出席宣傳活動的情況下，那該如何是好？我需構思哪些點子才可以吸引傳媒的報道以及坊間的熱議。

當時我覺得，亞視推出《我和殭屍有個約會》迎戰，最重要是能引起討論，先要令群眾有所討論、議論，才能談改變慣性行為，收看《我和殭屍有個約會》，故此我遂把心一橫，希望做一些能引起大家熱議的宣傳活動，做成話題吸引公眾的眼球。

最後我為《我和殭屍有個約會》構思了一個名為「打馬騮」的宣傳活動，由我們一眾亞視藝人揮舞「十八般武藝」道具武器，打倒由紙牌所做的卡通「馬騮」，帶出「打馬騮」的含意，以吸引傳媒報道及網民們討論，而相信「打馬騮」的象徵意義大家也會心領神會。

翌日各大傳媒均以「打馬騮」為題大肆報道本次宣傳活動，網民們也紛紛於各大討論區熱議亞視「打馬騮」能否成功、亞視「抽水」「打馬騮」云云。雖然最後「殭屍打馬騮」的收視成績如何，大家或也從傳媒報道中看到，但當日「打馬騮」的概念的確成功引起了大家的討論，以及在可用資源相對較少的情況下，吸引到傳媒的報道。其實構思這次的活動，純粹是出於吸引眼球的噱頭性宣傳，而非出於惡意。在宣傳的戰場上，許多時候橋段的炒作，往往如此。

7. 百萬行

黃守東

▲ 2015 年「港、九區百萬行」上，時任行政長官梁振英先生檢閱亞視團隊。

在免費電視廣播的年代，亞視每年 1 月都會以傳媒隊的身分，安排由管理層及藝人組成的團隊，參與由公益金舉辦的港、九區百萬行起步禮。由於這場合友台無綫都會同場參與，而且往往會安排陣容鼎盛的藝人團隊作為代表，所以亞視如何於此場合製造話題吸引傳媒報道，亦是我們每年於活動前需要構思的工作。

2015 年 1 月的那次港、九區百萬行活動，當時亞視已進入「迎難而上」時期，各界都十分關注亞視危機的情況。我們每

公關邀為亞視打氣 梁一笑而過

【明報專訊】亞視仍拖欠員工去年12月份薪金，執行董事葉家寶昨出席活動時表示，仍未確定出糧日期，或要分兩期繳付，但稱每分每秒都可能有「奇蹟」。昨日一個公開活動上，亞視公關人員邀請出席的特首梁振英為該台節目《ATV這一家》錄影幾句說話為亞視打氣，梁振英笑一笑後離開，沒答應要求。

葉家寶：12月糧或分兩期

葉家寶昨出席慈善團體活動後表示，期望儘快發放12月份欠薪，或要分開期發放。他稱目前仍有超過92%員工留守亞視，期望儘快解決問題。根據勞工法例，有關薪金的發放限期為1月7日（上周三）。

亞視表示，近日在不同場合邀請各界人士，為亞視節目《ATV這一家》錄影為員工打氣說話，包括立法會主席曾鈺成。發言人稱，期型特首支持亞視員工，為他們說兩句打氣的話，如「加油」及繼續「迎難而上」。

望鼓勵亞視員工「迎難而上」

亞視新聞部副採訪主任陳國揚表示，新聞部10名員工四被拖欠11月份薪金，引用《僱傭條例》變相自動遣散。他稱，若亞視本月31日或之前未能發放12

昨晨的公益金活動中，亞視派出公關人員希望特首梁振英（上方左一）為該台節目《ATV這一家》錄影幾句說話為亞視打氣，梁振英笑一笑後離開，沒答應要求。圖為亞視執行董事葉家寶（右一）向特首揮手。　　　　　　（余俊亮攝）

月份薪金，將有另一批員工申請自願遣散，部分人則會觀望德勤的招標情況。

勞工處表示，已就亞視未依時發放11月份薪金，完成調查及蒐證，並已將個案轉交律政司，就檢控事宜微詢法律意見，並已就拖欠12月份薪金問題，派員到亞視調查及蒐證，及獲部分員工同意擔任控方證人。他稱，處方會為受影響亞視員工提供特別就業服務，並設立就業服務熱線（2654 1429）。

【相關新聞刊C2】

▲ 2015 年 1 月 12 日《明報》報道。

年的起步禮都會由香港大球場出發，大約步行至禮頓道，便與各參與的傳媒隊伍和到場採訪的娛樂版傳媒一同往茶聚聯誼並作訪問。記得當年亞視的團隊甫步出大球場便受到在場群眾們的熱烈歡迎，有關程度遠勝過往參與的年份。在那小段的路程中，沿路的群眾都爭相與我們的團隊握手，又送上句句的問候和支持，聽到最多的說話是：「亞視加油！」和「亞視好嘢！」有些有心的市民更熱情地拉着我們藝人們的手，慢慢地說出平常收看亞視那些節目，希望亞視能度過難關，繼續服務市民等等。

過往每年這項活動，我們都會構思一些話題讓娛樂版傳媒報道，惟當年亞視的情況危急，我亦絕不希望放過任何一個讓

公眾關注亞視情況的機會。故除了將往年我們團隊舉起的節目宣傳牌，改為印上當時亞視的主題標語「迎難而上，堅持不放棄！」外，我們事前亦構思可否有一些話題吸引到場採訪的港聞版傳媒報道。

由於每次活動我們都會安排製作部的攝製隊隨隊拍攝花絮，故我想到一個想法，便是待活動主禮嘉賓、時任行政長官梁振英先生完成主禮儀式，並路過傳媒採訪區時，由攝製隊邀請梁先生為亞視員工錄影一句「亞視加油」，以作對亞視員工的鼓勵。當時我的想法是，亞視員工在面對種種難關時，仍然堅守崗位服務市民，絕對值得港人為我們送上一句「加油」，故此希望邀請梁先生對我們作一聲打氣鼓勵。

由於有關邀請只能在傳媒採訪區內進行，如果梁先生願意答應我們的邀請，有關錄影片段可製作成打氣宣傳片於亞視頻道內播放，廣有宣傳效果；而有關動作於傳媒採訪區內進行，無論梁先生應允邀請與否，相信傳媒都必定會就「亞視邀請特首講加油」這個動作作出報道，我們亦收宣傳效果，故此這是盤穩勝不輸的策略。

這個想法重要而且由我構思，為確保有關邀請和動作達到預期效果，我遂親身上陣，親自執行有關動作，由我持咪與攝製隊待於傳媒採訪區，準備作出邀請。到場採訪的港聞版傳媒們都是相熟的朋友，記得那時眾人見我帶領攝製隊，更笑問我想「做甚麼」。由於我不希望阻礙傳媒們正常的提問與採訪，故此待梁先生甫路過現場傳媒後，我和攝製隊即時上前向梁先

生作出邀請，表示希望梁先生為亞視的員工送上一句加油。那時梁先生對我們報以一笑，未有回應我們的邀請，而隨同的隨員們面對我們的「突襲」亦感緊張，並阻擋我們再上前邀請。雖然未能達到成功邀請的最佳效果，但翌日傳媒們均對「亞視公關邀特首講加油遭拒」的情況作出報道，當時傳媒更問我對於遭拒的感受，我亦回稱希望下次再有機會邀請梁先生為我們說「加油」。

相信在不少人眼中，這算是一招不按牌理出牌的「怪招」，惟如果時刻拘泥於程序及禮數而不懂變通，在吸引傳媒報道的公關層面上，將會抹殺很多「出奇制勝」的可能性。

8. 公關在法庭

黃守東

▲ 2015 年時任亞視執行董事葉家寶先生就亞視欠薪案到庭。

　　早前前任行政長官曾蔭權先生案件的判決中，負責案件的高等法院審訊法官提到有當事人聘用公關顧問就審訊案提供服務的情況，又謂該案中曾先生的「名人」朋友到庭旁聽審訊影響了陪審員云云，並嚴詞評論了所謂「公關介入審訊」的現象。作為公關業者，我印象中還是首次聽聞「法官閣下」對公關業界作如斯評論。

我並不知道案件內情所以不作評論，亦完全尊重法院及法官的言辭與觀點。我作為公關業人士，年前亦曾就亞視的兩次欠薪案，分別陪同時任執行董事葉家寶先生及投資者司榮彬先生到法院應訊。

以我作為專業公關人員對行業專業的認知，以及個人所得的經驗，我對事情有些意見看法想與大家分享：

一，到庭旁聽是公民權利。在我的認知中，到法院旁聽公開聆訊是作為香港社會公民的權利，當然於法院內需遵守相關的規則，例如不能拍照等。如果「名人」到庭旁聽會影響其他庭內人士的說法成立，那是否代表所有掛有所謂「名人」身分的公民，他的旁聽權利受到影響？如是者，法院及社會將如何界定「名人」的身分定義？

二，旁聽「名人」由公關「安排」。作為公關業者，我的經驗是「名人」是否出席一項「活動」，除非是商業活動以酬勞作首要考慮，否則「名人」考慮出席與否，除了關乎與邀請的公關人員間的交情外，更大的考慮是與主辦單位或當事人的關係及交情，以及身分是否適當。在相當大的程度上，「名人」考慮出席「活動」時，必定會充分考慮與主辦單位或當事人的交情。如果與主辦單位或當事人沒有交情以及並非出於自發的話，我相信以「名人」身分與地位，絕不會能被區區公關「邀請」出場。那麼，這些「名人」到庭旁聽，其根本原因是否出自與當事人的交情及友情？

公關界：變相剝奪名人旁聽權

法官陳慶偉昨於判辭末段表示，在審訊中牽涉公關人員，不僅是不理想的做法，更可被視為有意影響陪審團，對香港法治全沒好處，直指這是對所有公關公司或顧問的一個警告。有公關業界表示旁聽為公民權利，不認為安排名人到庭的做法有問題。

本案非首宗有知名人士到庭旁聽的案件，3年前時任亞視執行董事葉家寶被指縱容欠薪案，判刑時亦獲袁潔儀、鮑起靜等藝人到場支持。亞視公關及宣傳科前高級經理、東建國際顧問董事黃守東憶述當時情況，強調當日各人都自發到庭支持。他說該案無陪審員參與，性質與曾蔭權案不同，惟認為旁聽公開聆訊是現代社會的公民權利，此權利不能因個別人士的名人身分而受影響。

公關老闆：某程度可影響判決

有公關顧問表示，陳官的評論令他感震驚，認為這變相剝奪所有有權勢的名人的旁聽權，但不覺其受影響。另有財經公關公司老闆表示，利用不同公關手段在庭內庭外為被告及案件塑造定位，一定程度上會對判決造成影響。他舉例，現時社會資訊發達，尤其是審訊期較長的重要案件，如能夠在傳播媒體上大書特書，陪審員很難完全接觸不到外界資訊，在判斷時很可能受到影響亦不自知。

▲ 2018 年 3 月 7 日《明報》報道。

公關的工作是對人的工作。除了傳媒關係及活動籌辦等等之外，更大程度上是人與人關係的工作。如果「名人」到庭旁聽的動機及決定是出於支持朋友，那麼在「名人」決定到場後，作為當事人的公關，負責告知時間、地點，以及到場作禮貌性溝通，便是應當的公關工作。這項公關工作的重點，是協助當事人與「名人」朋友的公共關係及當事人對朋友的禮貌。

我亦留意到傳媒朋友就此事問及了一些公關界前輩回應，令我詫異的是這些前輩對業界蒙冤不平之事，竟然不作正舉為業界發聲，更而高唱反調，反映出他們在承擔大任的能力上，以及在公關專業認知上的水平。

CHAPTER FOUR

危機公關

兩位作者於 2015-2016 年轟動全港的
亞視危機中的感受及真相還原

危機公關——葉家寶篇

1.「亞洲先生西貢海鮮遊」中的擔憂
葉家寶

▲《ATV 2014 亞洲先生競選》西貢海鮮遊活動。

直到今天，我還是覺得，我所做的一切，每一個決定，都是為了亞視同事、為了亞視的延續，作為最大的依歸。

2014 年 10 月 1 日，風和日麗。

那時正值「亞洲先生」的選舉季節，公司上下都全力籌辦此項活動。那天負責公關策略及宣傳的黃守東構思了「亞洲先生西貢海鮮遊」的活動，安排一眾亞洲先生與傳媒到西貢品嚐

地道香港海鮮，宣傳節目。

我作為公司的執行董事，自然亦有出席。當天同事們還安排了眾「亞洲先生」猛男到海鮮檔挑海鮮讓傳媒拍照，大家玩個不亦樂乎。雖然我亦和大家打成一片，然而心裏卻是無盡的擔憂。

亞視的營運一直未能做到收支平衡，許多時候都是需要股東及投資者每月注入資金，以作發薪或營運等開支，直至王征先生與黃炳均先生時代亦然。正常而言，公司均於每月月底向員工發放薪金，除非遇有更換銀行服務等事情，方會遲一兩天發薪金。故此，往常的慣例是每月月底前三數天，股東及投資者均會向亞視注入資金以供發薪。但這次不同，至 10 月 1 日，原來預計供發薪的資金卻一直未有到位。

這裏跟大家說說當時亞視內部的架構職權分工，我於 2014 年 3 月 1 日接任執行董事以來，根據股東、投資者及董事會的安排，我作為公司的執行董事，負責公司日常行政營運，然而關於股東及投資者的資金注入，卻由當時的財務副總裁李錫勛，以及於董事會內代表黃炳均先生的董事兼高級副總裁欒振國負責，並直接與股東及投資者溝通，以及安排每月資金注入的事情。

我於 9 月底時見資金仍未到位，已急如熱鍋上的螞蟻，除了多次催促李錫勛及欒振國二人盡快與股東及投資者了解情況外，我亦多次主動與投資者王征先生與大股東黃炳均先生接觸以了解情況，並希望能如期向同事發薪。

然而，得到的回覆，卻令我深感形勢不妙。

2. 賣盤
葉家寶

當時王征先生給予我的訊息是，他與大股東黃炳均先生正與市場上的潛在買家洽談亞視股權轉讓事宜，並且快將有進展。他告訴我，那時與潛在新買家洽談的其中一項條件，就是由新買家支付該月員工的薪金。

這裏我作一些解釋。2009 年亞視也曾進行股權轉讓，以我所了解，當時公司也面對財政困難，而其時的新投資者王征先生在未簽訂所有正式的合同及文件前，已注入資金予亞視作發薪金之用。以我理解，王征先生的想法是，他希望當年他投資亞視的情況同樣地再度出現，即由新買家支付員工薪金。

事後有朋友問我，知道賣盤在即，有否擔心或想過「一朝天子一朝臣」的問題，於賣盤後不獲新主所倚重？

我可以很實在的答：「沒有。」

這段日子中我做的以及所想的無一不以同事作為依歸，我幾乎從沒有想過自身的考慮，更遑論考慮自己的權位問題。那時我一心只希望，新股東也好、舊股東及舊投資者也好，只要能夠盡快解決發薪問題，便能讓我放下「心頭大石」了。

▲ 2014 年 12 月 25 日《明報》報道。

　　我聽到王征先生的想法後，感到萬分焦急。但是，當時我相信股東及投資者所提及的洽談會如他們所言，很快會有好消息公佈，發薪問題將會如期，或在法例容許的 7 天限期內解決。那時候，我從沒想過，事情往後的發展會是如此複雜。

　　由於公司架構的改動，以及資金的問題，亞視於數年前已無聘用公司律師，如遇有法律文件或問題，方聘用外間律師作單一處理。這個情況對公司面對重大事件或涉及法律的事情時，是「足以致命」的，例如今次未能如期發薪，即為一例。

3.「臨危受命」
葉家寶

▲葉家寶先生與雷競斌先生。

　　我是個坦誠的人，有些事情我不怕坦白。多年來，我均是負責製作及公關等工作，對於公司法及董事責任未有十足掌握。

　　當日我接任公司執行董事一職時，是由於公司臨時出現變動，故我可說是「臨危受命」的。當時獲悉上任執行董事雷競斌先生離任，其時環顧公司內，我可說是對亞視最熟悉的一位管理層。

　　其時外間有一「伯樂」對我十分賞識，也開給我一個十分不錯的待遇，希望我能到他的公司工作。我們雙方已就此多次

洽談，也已達成口頭協議，只差簽字作實。

然而，基於對亞視多年的感情，不忍在她需要我時離去，又希望我能在執董的崗位上作更大發揮，故此我遂接受了王征先生、黃炳均先生及董事會的建議，出任執行董事一職，並婉拒了「伯樂」對我的邀請。

由於對公司法及董事責任未有十足掌握，當時我仍未完全意識到未能如期發薪對執行董事帶來可能的法律責任。我一直認為，我只是一名「打工仔」，是被欠薪的一人，而因投資者及股東未有注資，而未能如期發薪，只是「老闆」的問題，而非我這個「打工仔」的問題。

由 9 月開始，我一直未有間斷地，向股東、投資者及董事會要求立即注資發薪，盡我執行董事的職責，希望可解決發薪金的問題。

4. 勞工處「例行公事」的面談
葉家寶

9 月份未能在限期前發薪,我作為公司行政架構上的最高負責人,收到了勞工處邀我問話的信件。

起初勞工處聯絡公司同事時,稱只是聯絡負責人了解事件,後來才指點名需找我了解。當時勞工處的語調是,希望對事情有一些深入的了解,勞工督察更對我稱,相約面談只是「例行公事」而已。當時沒有此方面經驗的我,也真以為如該位勞工督察所言,面談只是「例行公事」。

在考慮公司架構及實際運作情況後,我吩咐了負責全部發薪以及資金安排的財務部副總裁李錫勳,以及人事部同事跟進。然而,李錫勳並未有依我吩咐往勞工處跟進事件。

我一直對公司未能如期發薪一事的了解,都認為是老闆及公司的問題。那時候我亦特別向大股東黃炳均先生尋求意見,知會並詢問他我應否前去勞工處接受問話。黃先生明確向我傳達的訊息是「公司出不了糧是老闆的事,不關打工仔的事。」黃先生更鼓勵我到勞工處接受問話。

在負責全盤發薪及資金事情的李錫勳不願履行此工作責任時,我又「硬着頭皮」往勞工處去。與勞工督察見面時,他笑稱此次事件受到了「上頭壓力」,再三跟我說只是「例行公事」

而已。除了年前因亞洲先生的居港日期問題我曾到入境處接受問話外，在接受政府機構問話這方面，我均是毫無經驗的，而我亦當然向勞工督察表明我並沒有處理這方面事情的經驗。

當時我的理解是，我到來勞工處只是以「公司代表」的身分前來，並不是代表我個人前來，故此在許多問答中一直本着「問心無愧」的想法去回答，許多答話亦未經適當修整。

後期我的代表大律師在接手為我分析案情時，回看當天我的答話，給予的意見是：「當天的我不懂保持緘默。」

5. 危機中的傳媒關係

葉家寶

▲我於危機中時常接受傳媒訪問。

　　事情的發展迅速受傳媒及社會關注，加上其時為亞視申請續牌的關鍵時間，有部分泛民議員對此問題又「窮追猛打」，一時間傳媒對亞視未能發薪的問題連天追訪，公司門外天天都有記者守候我們的最新進展。

　　我在傳媒行業工作多年，除了製作外，較長時間是負責公關工作的，所以我比較熟悉前線記者的採訪需要，也與眾記者、編輯相熟。這些年來，為推廣公司節目，我時常與娛樂版的傳媒朋友打交道，也慣於接受大家訪問與對答的方式。

今次主力採訪我們危機的，卻是港聞版的傳媒朋友。港聞版傳媒的提問，有別於娛樂版傳媒相對上較輕鬆的問答方式。面對港聞版傳媒朋友時，許多問題都需確確實實的交待，不能含糊。雖然我有應對傳媒的經驗，那時大家看着我每天接受傳媒的訪問都從容自若，今天我告訴大家，當時的我每天也要在鏡頭前交待公司的情況，其實對我而言也是十分有壓力的。

當時我與黃守東商討應對傳媒的策略，我們認為危機當前必須要認真及慎重應對。我們都認為，由於該段期間需時刻應對傳媒的查詢及提問，故此對事情的掌握必須全面、對預計可能被問及的內容必須有所預備、對外回應必須及時及「快」、對外間及同事關注的問題必須盡可能交待。我們都想做到一切透明，釋除外間及同事們的疑慮，亦希望能夠於危機中爭取社會的支持。

那時為了讓外間了解公司每天的情況，我特別開設了博客，每天公開和大家分享亞視的情況，讓外間能夠知悉我們的最新狀況。也由於訪問與被訪問的關係，我與不少港聞版的年輕記者都成為了好朋友，大家除了工作外，也建立了朋友關係，這也是我在危機中的得着。

如是者，我便在傳媒的鏡頭下，開始了我人生至今為止，最大的挑戰。

6.「定心丸」
葉家寶

自主要投資者王征先生加入亞視以來，以我理解，亞視一向是由王先生注資供營運及發薪的。然而歷經多次與王先生溝通後，投資者及股東仍未有向公司注資供發薪。

我在無奈以及無計可施的情況下，聯絡了我們的大股東黃炳均先生。

黃炳均先生是當時亞洲電視的大股東、王征先生則是當時亞洲電視的主要投資者。我認識的黃先生是一位具有傳統中國人營商思維的商人，看到亞視 9 月拖欠員工的薪金，而鬧得滿城風雨，他也於心不忍，於 10 月 23 日以貸款的方式注資亞視，以供員工發薪之用，解決了 9 月的發薪風波。

當時黃先生除了注資發薪外，還給了我一顆「定心丸」。

黃先生對我說，他不忍見到自己的「伙記」被拖欠薪金，雖然他與投資者所稱將會很快取得進展的股權轉讓手續，未有如期「有好消息」，但他卻承諾將會一直負責亞視員工的發薪，直到新買家接手為止。那時，我也以為事情可如想像般順利。

這裏也有一段小插曲，一直以來王征先生以投資者身分與我及亞視眾管理層溝通，我直接與大股東黃炳均先生討論亞視

事務的機會不太多。

這次我直接向黃炳均先生尋求解決發薪問題，卻竟然令王征先生對我此一行為作出怪責。王先生問我為何主動找黃先生，有事應找他本人而非黃先生。

可是我在如此危機的情況下，也顧不得這些「小問題」了。

7. 絕頂好員工
葉家寶

▲《ATV 2014 亞洲先生競選》冠亞季軍合影。

近年亞視將全年的重點都放在下半年，將各個大型項目例如「亞姐」、「亞生」以及《感動香港》的頒獎禮都放在 11、12 月舉行，希望能夠通過大半年的籌備，將各大型節目於年底呈獻給觀眾。

這換句話說，是公司在年底有大筆的費用需要支付。從亞姐亞生們在外地來港的機票、在港的住宿交通宣傳綵排，乃至各項節目的台上佈景、《感動香港》頒獎禮的餐飲，無一不是花費開支。還有公司日常運作的水電、車輛的各項維護以及各項辦公室服務的服務費，都需要清繳支付。

◀《ATV 2014 感動香港年度人物頒獎禮》
順利舉行。

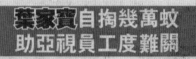

葉家寶自掏幾萬蚊
助亞視員工度難關

▲對於亞視何時出糧，執行
董事葉家寶表示正與股東溝
通，下周初會有結果。

亞視昨日仍未出糧，執行董事葉家寶晚上出席《亞洲會聖誕新年金曲夜》活動，他表示節目是亞洲會負責製作費，不是亞視舉辦。對於何時出糧問題？他表示：「正與股東溝通，下周初會有結果。」對於有員工要求援助，他表示知道：「有部門高層私下有幫同事，我亦有攞過幾萬元出來，盡量幫助同事度難關。」

「公司值得反省」

他前日透露曾向新聞部鞠躬道歉，被指似忽略其他員工？他解釋想盡量讓同事知道公司發生什麼事，希望大家體諒。他直言：「今次已不是第一次，同事都緊守工作崗位，公司都值得反省。」　娛樂組

◀2014 年 12 月 13 日《明報》報道。

記得那時我案頭上一份份的文件，全是製作節目必須要支付的費用申請，以及公司日常運作必須支付的費用，都在等我最後簽名批示放行。

然而，公司的資金連最重要的發薪都未足以安排，又如何安排各項的開銷？如不安排這種種的開銷，那各個節目又如何

製作？是否要讓各個品牌性的大型項目「爛尾」？又或要公司在「缺電、缺水、缺車」的情況下運作？這恐怕又會帶來另一災難性後果。那時候面對着這些種種的文件，有一刻我的腦子真試過「一片空白」。

當時王征先生雖然不再注資亞視，但卻有大力幫忙在內地追收各客戶及合作伙伴的款項，包括一些逾期未付的費用，又或提請合作伙伴提早向亞視支付前期費用。這些費用也幫助了一部分的發薪之用。

《ATV 2014 亞洲先生競選》總決賽於 10 月 17 日晚上，在公司仍未能向同事們發放 9 月份薪金的情況下，以最低成本開支的情況下，如期於總台八廠舉行及現場直播。那晚看着現場的場面，各部門的同事都在發揮亞視人的精神，用全力做好節目，沒有被欠薪影響，沒有「玩嘢」故意出錯影響直播。我真心的感謝我的好同事們，您們都是「絕頂好員工」。

《ATV 2014 感動香港年度人物頒獎禮》於 11 月 30 日晚上亦如期於總台八廠舉行及現場直播。然而，隨着頒獎禮的落幕，卻又是另一波危機的開始。

8. 法庭裁決
葉家寶

亞視的股權經多番易手，近年均由多位持份者共同持有股權。股東之間亦一直有糾紛，其時股東間亦有一官司於高等法院處理，即為蔡衍明先生要求委任獨立監管人加入亞視董事會一案。12月8日高院就此案判決，導致發薪問題再次急轉直下。

當時高院裁決的其中一點，是需要黃炳均先生向獨立第三者出售最少 10.75% 股份，以失卻大股東的資格。高院作出裁決後，我從黃炳均先生及王征先生方面得到的訊息是，他們認為蔡衍明先生的一方既然勝訴，則員工薪金自然該由蔡先生一方支付，黃先生及王先生一方將不再負責員工薪金事宜。

我用「震驚」來形容當時的心情。

我作為公司的執行董事，為着員工的發薪事絞盡了腦汁，在這個非常時期，股東及投資者們的新一波矛盾又再展開，如何不使我「震驚」？

既然黃先生及王先生一方不注資發薪，那我也只能向蔡先生一方求助。

12月間我多次在董事會以及透過傳媒向蔡先生及 Antenna 公司一方呼籲注資，以期解決員工遲發薪金的問題。當時我亦

形容：「亞視已到了最危險的時候，每個人都被逼發出最後的吼聲。」

然而，我得到的回應，除了是蔡先生未有注資外，更是給蔡先生形容我為「走狗」。

「走狗」二字，是我人生至今感到最大的屈辱。我不斷的反思，我為了員工發薪事，千方百計的向股東及投資者們用盡全力爭取，然而為何最後，股東及投資者們除了繼續不注資，任由員工們未能領取薪金外，還要稱我為「走狗」，更要由作為「打工仔」的我去承擔可能的法律責任？

▲ 2014 年 12 月 9 日《明報》的報道。

9.「鐵石心腸」的老闆
葉家寶

　　我在蔡衍明先生於 2009 年進入亞視時，曾與蔡先生一同於香港吃飯，也曾到過台灣參加蔡先生的活動。2009 年 5 月《亞洲電視賽馬日》蔡先生親自來港出席活動，我也接待過蔡先生。

　　在被稱為「走狗」後，我也反省了作為執董，自己有否好好處理股東間的關係。我不禁反問自己，作為一間公司的執行董事，如果自己於上任之始即協助調解股東之間的關係，是否又會讓我的工作更得心應手？可是我又不禁在問，以王征先生、黃炳均先生陣營，與蔡衍明先生陣營之間矛盾之深及複雜，又是否以我一「打工仔」的身分，力所能及去協調呢？

　　雖然我與團隊每天都在努力開源，包括銷售廣告及發行節目版權等來為公司增加收入以作發薪，然而亞視長年以來都處於「入不敷支」的狀態，以當天的情況看來，單靠「自食其力」不可能養活亞視。

　　可是經我多次奔走之後，各方股東及投資者仍無動於衷，這又教我如何是好？何以各位老闆們會如此「鐵石心腸」棄我們眾員工於不顧？至 12 月中，我意識到投資者及股東們提過的「賣盤交易很快有消息」這句話，可能未必能於短時間內實現了。

王征先生告訴我，「盛氏家族在亞視已完成了歷史任務」。至此，我也終究明白，不可再對股東或投資者們抱有希望了。現在面前只有兩條路：要麼放棄亞視；要麼則是想想如何由被動變主動，「自己救自己」。

　　我在想，「離開比留下更容易」，可是以當日的情況，如果連我也離開了，失去舵手的亞視能否存活？那如果亞視倒閉的話，即便意味當時 700 多個同事將會頓失工作，其家庭亦頓失經濟收入。電視行業是一獨特行業，如數百人同時因亞視倒閉而失業，將甚難於行業內覓得工作。

　　為了同事們的最大利益，為了我對亞洲電視的深厚感情，為了讓這個 57 年的品牌可以承傳，我自是選擇了後者，開始了「迎難而上」。

10. 潛在新買家
葉家寶

　　當日的情況那麼壞，我卻為何仍堅持堅守？我想其中一個很重要的原因是，我感覺到公司是有曙光的。

　　以我所知當日市場上有不少人士願意投資或購入亞視的股權，我亦與不少有意洽談亞視股權的新投資者接觸過，並將之轉介王征先生及黃炳均先生洽談。當時我想，只要股權轉讓一旦成功，問題便可迎刃而解。當然，亦因為員工的「堅守」，作為「船長」的我自是沒有理由「跳船」，故此我亦咬着牙關「頂硬上」。

　　當日傳媒的報道流傳過多個名字，稱眾人是有意洽談亞視股權的潛在新買家。不過有關消息始終未經證實。有關股權轉讓的洽談是投資者、股東與有意者洽談，我亦未涉其中。

　　不過在這裏可以跟大家談談一些我所知道的名字。王征先生主政亞視期間，經常邀請亞視的管理層參與一些由他牽頭，與一些內地潛在合作伙伴洽談業務的會議或見面。該段期間，我亦經王先生介紹與數位有意投資亞視的人士見面，讓對方能更清楚地了解一下亞視的情況與運作，這裏面分別包括了知名度甚高的保利集團，以及恆大集團的許家印先生。

　　對亞視有興趣的不只內地財團，還有不少本地知名人士，

這包括嘉華國際集團的呂志和先生、與亞視有千絲萬縷關係的邱達昌先生、娛樂大亨楊受成先生、由我一位多年好友及知名藝人穿針引線促成的金至尊集團黃英豪先生，以及後來「浮出水面」的匯友資本胡景邵先生等等，還有其他一些我不知道的人士。

另外值得一談的就是 2015 年 3 月傳出有關皓文控股以及 ECrent 欲入主亞視的新聞。以我當天所理解，皓文控股與 ECrent 是有意投資亞視的合作伙伴，當時 ECrent 曾與我們傾談一些節目上的合作，後期發展為有意購入亞視股權，我便將之轉介予王征先生洽談。

當日我得知的情況是，王征先生曾與對方簽訂一些備忘，有關備忘需對方於三天內付予亞視訂金，而亞視亦需給予對方財務資料，惟最後雙方未能達成實際協議，事情最後亦不了了之。至於為何稍後傳媒會獲悉此事？我只能說以我所認知，亞視一方並無對外作有關公佈。

由是大家看到市場上是有這麼多有實力的人士希望入主亞視，所以亦令我覺得事情是有曙光的。再者，王征先生曾告訴我一個說法，他稱以他所知，他本人必須要離開亞視，亞視續牌才會有希望。

我至今亦無法證實這個說法的真偽，我當時的想法是：如果王先生相信這個說法的話，那麼股權轉讓應該很快可以完成。

11. 迎難而上

葉家寶

▲亞洲電視團隊於 2015 年 1 月「港、九區百萬行」活動上獲得大批群眾支持。

12 月 30 日我與眾管理層召開了員工大會，明確地向同事交代了公司的情況，也為仍未能向同事們支薪致歉。我從來覺得應對同事們透明，也讓大家清楚了解公司的狀況。雖然我選擇了為同事、為亞視堅持，然而亦應讓同事們明白事情的實際情況，從而作出各自的考慮與取捨。

會後我也與眾管理層會見了傳媒，透明公開公司的狀況。那時黃守東和我及其他管理層討論過後，建議需用一反映實際情況的口號來帶出現實情況。幾經考慮以後，我們終於選定了「迎難而上」，而我亦硬着頭皮，一心選擇盡力「自力更生」，希望能夠等到股權轉讓的成功。由是亦正式開始了「迎難而上」的日子。

▲我們於 2015 年「港、九區百萬行」活動上以「迎難而上！堅持不放棄！」為主題口號。

當時王征先生雖「已完成在亞視的歷史任務」而不再注資，但也支持我們「自力更生」，他亦有代追央視及深圳衛視的落地轉播費用。對方亦很合作並支持，有關款項並沒有按既定程序「走流程」，而是以特批的方式，很快便調撥支付予亞視以作支持。

「迎難而上」期間，社會上有很多人士支持我們。每年 1 月初的公益金「港、九區百萬行」我們亦如常參與，更用了「迎難而上」及「堅持不放棄！」作為我們的標語。雖然特首梁振英先生於活動上未有應黃守東的邀請，為亞視員工說一句「加油」，但是活動上以及我們步行的沿路上有眾多市民紛紛為我們打氣，也請我本人加油，令我感到十分溫暖。

以往慣例，於每年百萬行後各家傳媒機構均會茶聚一番，惟由於 2015 年我們深受財政危機困擾，本想不參加茶聚，以儲

備資金供發薪之用。當時我向傳媒透露過，有一位「有心人」得知情況後，便馬上答應替我們支付有關茶聚費用。當日我不便說出這位「有心人」的身分，今天在這裏向大家披露一下，這位「有心人」，就是無綫電視行政總裁李寶安先生了。

各方友好除了支持外，也有朋友想過不同的點子，例如「一人一股救亞視」、「賣燕窩救亞視」、合辦「滿漢全席」，以及變賣農地等等，冀能為亞視帶來實際收入。

我特別需要感謝的是亞視和我本人的好朋友——四洲集團的戴德豐先生。戴先生知道亞視的問題後，馬上聯絡我，建議我們的廣告應該「減價」，以吸引更多客戶投放。他本人除了投放廣告外，更在業內呼籲各方友好投放廣告支持我們，我實在感謝戴先生。

▲ 2014 年 12 月 31 日《明報》報道。

12.「赴刑場」

葉家寶

▲我到法院時曾遇上一些反對聲音。

對於我選擇「迎難而上」，雖然有不少支持的聲音，但亦有很多反對之聲。我的前上司周梁淑怡女士，出於為我考慮的角度，為我分析欠薪中執行董事可能負上的責任，更多次力勸我需辭去職務。

當時我始終認為此乃老闆之責任而非我的責任，加上我一直也覺得遇上困難時，如有一絲曙光，仍應努力堅持，這亦正是香港人所秉持的獅子山精神之所在。

直到我本人及公司收到法庭傳票，我方覺得事情或許未如我所想。勞工處就每宗欠薪事件發出兩張傳票，一張給予公司，

一張給我本人，後來我總共收到了 100 張成立的傳票。

公司代表就欠薪事件認罪，我認為無庸置辯。但對於我本人的傳票，當日我認為是與我無關，故歷經多次預審我也選擇不認罪。現在回看報道，當日我到沙田法院預審，有眾管理團隊及黃守東陪同，看似平靜，其實我告訴大家，我每次上庭都有「赴刑場」的感受。

我到法院應訊時，不時也有些人士對亞視及我持反對聲音，在法院門外對我抗議。記得有三兩次到庭更是下雨天，下着雨，天色灰暗。我在反問自己，為什麼我作為「打工仔」，於公司有困難時，為着同事而堅守，帶領公司應對困難，會令自己落得淪為被告的境況？

我，究竟做錯些什麼？有一刻，真是「眼淚往心裏流」。

猶幸每次到庭我都有同事和朋友們的相伴，為我加油，我心裏實是感激萬分。一刻過後，素來是個樂觀者的我亦能迅速拾回積極，我覺得事情既已發生，只有盡力以赴，盡量令事情出現好的結果。

我亦是那句話，我始終認為這是老闆們的責任，加上出現危機之後我亦作出了多項措施，力挽狂瀾於既倒，盡力籌集資金令公司能夠向同事發薪。

我本人，即便面對法院，面對法官，亦是問心無愧。

13. 10A

葉家寶

當日「迎難而上」的傳媒會面後，另一風浪又席捲而至。

由於至 12 月 31 日亞視仍未能發放全份 11 月份的薪金，故此員工可在 1 月 1 日以自動遣散方式離職。這意味着全台上下所有員工，均可引用勞工條例第「10A」條的條款，以自動遣散的方式立即離開亞視。這對運作中的電視台，絕對是一個重大危機，因為電視台隨時可能「分崩瓦解」。

1 月 1 日是元旦假期，1 月 2 日是 2015 年的第一個上班天。當天上午，我收到一直負責與投資者聯繫資金注入事宜，並負責全公司財務工作的副總裁李錫勖的離職通知。李錫勖的「跳船」，使公司的發薪及財務安排頓失預算，一瞬間令我的背上「百上加斤」。

當時李錫勖為手執公司財政大權的核心高層，我從未想過他會「第一時間」離開，而且還向我表示馬上需於中午離開。我個人認為，在「情」在「理」，這也是對公司的一個重大傷害。

在管理層會議中，我們也有討論過，一旦有大批同事同時以「10A」條款離職的話，公司應如何應對。猶幸此情況並未發生，絕大部分的同事都與公司一同堅守，只有一部分同事離開。我相信這個情況未必會於外間的其他公司出現，只有堅持

「亞視精神」的「亞視人」，才會在如此情況下，仍與公司共同進退，並肩作戰。

據我所了解，以「10A」條款離開的同事，相當一部分是由於生活上有所負擔，故此不得不以實際經濟狀況作出考慮。許多同事離開時也特別到我辦公室與我道別，有一些更是萬般不情願地「喊住走」，他們都對亞視有深厚情意，只是考慮到家庭及經濟負擔的問題時，由於公司未能保證能如期於月底出糧，才讓令他們在無可選擇的情況下離開。

不少同事臨別都跟我說，待公司一切穩定後，他們將一定會重回亞視效力。我想，這就是外間時常提到，「亞視人」的「人情味」了。

我對這些因家庭及經濟負擔而離開的同事，都是理解的。

14. 面見同事溝通
葉家寶

雖說大部分同事都繼續留守，但確實由於公司未能如期發薪，故有留守的同事亦對公司有不少意見，這些都需要我來一一處理，以確保廣播運作不致中斷。

那時候有數次我親到各部門向同事們解釋公司的情況，以及代表公司就未能如期發薪而向同事們致歉，亦與同事們面談，聽聽同事們的聲音。我在新聞部及工程部面對着最多的聲音，新聞部的同事曾就公司未能如期發薪發出聲明，亦不時對傳媒發表意見，所以我也很希望能夠親自與他們面談，釋除一些可能出現的誤解。

我一直深信溝通是重要的，也可化解許許多多不必要的誤會，讓事情往好的方向發展。

或許是文化背景始終有所差異，那時候新聞部對事情、以致對我本人反應最大的是負責國際台新聞的英文新聞組眾外籍同事，他們曾經向公司發出「最後通牒」，表示如公司再不能發薪，即會停止工作。我和新聞部的主管盡力向眾同事交代公司的情況，也談到了我的堅持只因為着同事的最大利益，以及見到公司仍有曙光，也請他們見諒。

又有一次我到工程部面見同事解釋時，有位同事對我亦不

留情面，當面直斥我並質問我知否當天是「幾號」，公司還要欠薪多久。那一刻，雖然我亦是遲發薪金的受害者，但畢竟我作為執行董事，的確感到十分慚愧。

也有一些同事對我的想法並不領情，某次我從新聞報道中看到同事對記者表示，公司並不是沒資金，而是我及公司故意不發薪。那位同事我亦認識他，但他在不清楚的情況下，竟說出這樣的說話，讓我難過。

當然我亦聽到很多支持的聲音。除了我身邊的同事外，亦有不少同事為我打氣，令我窩心。記得有天回到辦公室，看到桌上放上一盒巧克力。我一看，原來是當天「last day」的新聞部記者梁溯庭送給我的，還附上了一張字條，寫有為我打氣的字句，物輕情意重，當下我感覺十分窩心。大概這位同事一路走來，站在傳媒的朋友角度，也看到我為同事的付出。

這種種的支持，都成為我繼續堅持的動力。

15. 一人一股救亞視

葉家寶

▲「一人一股救亞視」記者會上。

先前跟大家提過，在「迎難而上」期間有不少朋友都提出點子，或作出實際行動，幫助亞視籌集資金發薪，這裏跟大家談一下這些故事。

先談談「一人一股救亞視」。那時候正由法庭委任的經理人德勤會計師行，為被法院指定需轉讓由黃炳均先生持有的10.75%亞視股權作招標，這正是亞視引入新股東及資金的契機。

2015年1月26日有關招標截止。2月11日上午時任經理人德勤會計師行的黎嘉恩先生就亞視股份轉讓的招標，召開了

記者會。黎先生對傳媒表示，由於王征先生認為入標者需連帶負責王先生借予亞視的債務，故對入標的三家公司出價並不滿意。

獲悉消息的我真感到心灰意冷，王征先生及黃炳均先生先前提到「很快會有消息」的股權轉讓遲遲未見出現，現在由德勤所招的標書出價又看似不能成事，那麼一眾同事，以及亞視又將往何處去？

記者會前一天，王征先生請我晚上到我們的一位老朋友趙曾學韞女士處，到達前我並不知道所為何事。到達後方知，原來對亞視有深厚感情，也為亞視員工的堅守所感動的趙女士，十分希望想出一辦法幫助亞視。趙女士早年曾於亞視工作，她認為亞視是一個具有價值的品牌，認為不應如此便結束。

趙女士認為，當時年關在即，亞視發薪的資金又未有着落，未能發薪是件「慘事」，故她想到呼籲市民一同以「一人一股」、每股一萬元的方式，籌集資金救亞視。那時候整件事情的想法與執行方法均未有一套全盤構思，但趙女士與王先生認為亞視的事態危急，故愈快公佈及推出愈好。是故第二天下午，即德勤舉行記者會的同一天，我們便舉行了「一人一股救亞視」的記者會。

那時我們都覺得讓人感覺有很多朋友支持亞視，對亞視有益。的確，多位朋友包括著名鋼琴家劉詩昆先生、泰山公德會會長陳英傑先生等等都來支持，亞視的老朋友「藍爺」藍鴻震先生，更特別更改原定行程及機票，特意到亞視支持我們。

記者會上我們強調了，當天只是公佈有關計劃的想法，具體執行方式等等均需待正式手續辦妥方能成事。

　　後來深入考慮過有關計劃，以及聽取法律意見後，大家都覺得實行此計畫問題頗多，故此我們遂擱置了有關計畫。

16. 「萬眾同心撐亞視」

葉家寶

▲於《萬眾同心撐亞視》中表演的所有嘉賓、藝員大合照。

　　與各方合作推出節目亦是一個幫助亞視的方法，此舉除了有新節目可播出外，並能銷售廣告，贊助費更能彌補節目的製作費，並為公司帶來直接收入。當時的節目《李居明妙論天下》、《下一站諾富》及《世說論語》等均是例子，還有各方支持的《萬眾同心撐亞視》。方方面面朋友對我們的支持，也真成就了「萬眾同心撐亞視」這句話。

　　在接近 2015 年農曆新年時，我的舊同學李居明大師主動聯絡我，希望支持逆境中的亞視，在不收費用的情況下，為我們主持一全新節目，內容包括術數及命理等，更會以風水玄學

角度，分析亞視所面對的逆境與轉機。李大師多年未有主持電視節目，今次乃特別義助我這位「舊同學」，又為我們覓得冠名贊助，所以我亦甚感激，遂促成《李居明妙論天下》的誕生。

我與林以諾牧師認識多年，記憶中數年前曾經合作，但及後沒有頻繁接觸。林牧師對亞視「迎難而上」的精神十分支持，也希望藉支持亞視而向社會尤其年輕人宣揚正能量，是故遂提出合作推出節目，並邀得鴻福堂執行董事司徒永富博士合作，推出了《下一站諾富》。司徒永富博士對堅守中的亞視員工也十分關顧，多次送贈鴻福堂的涼茶飲品及龜苓膏予我們全體同事，真正為同事們「打打氣」！

我的師妹陳復生與浸會大學尚志會的校友們亦十分支持，與我們合作推出了《世說論語》節目，向觀眾推介儒家精神。記得陳復生於合作記者會上向我送上了「君子」的橫匾，又稱我帶領亞視的精神足稱「君子」，使我愧不敢當。

《萬眾同心撐亞視》緣於「迎難而上」期間，外間支持亞視的朋友不絕，那時我便想推出一義演節目，希望將外間的支持聲音，轉化為實質的收入。節目由亞視的好朋友亞洲會主辦，收益以節目贊助費的形式，轉化為對亞視的實質收入。

當時原定構思是辦兩場「撐亞視」的晚會，第一場是由「星光家族」領軍的「星光再現演唱會」；第二場則是由眾多亞視好朋友演出的晚會。及後考慮實際情況後，我們將其合而為一，從而促成《萬眾同心撐亞視》。那時製作部的同事曾建議需更

多的籌備時間，惟我覺得外間一些賑災籌款節目只有三、兩天也可做到，因此類節目觀眾最主要看的是節目的理念與精神。最後節目獲得眾多亞視的好朋友支持，我也是十分感動難忘，也感謝眾多朋友的支持。

值得一提的是，那時正與股東及投資者洽購亞視股權的匯友資本胡景邵先生，也是當晚晚會的座上客。

17. 出售農地
葉家寶

　　雖然外間的節目合作可以「一石二鳥」，既能為我們帶來收入，又能令我們推出新節目，但這些收入終究未能完全支付每月約一千三百萬的員工薪金，以及其他林林總總的費用及開支。

　　德勤擔任我方經理人後，曾查核我們的帳戶及資產，發現原來亞視擁有一幅位於荃灣、自邱德根先生年代已擁有的農地地皮。可能有朋友好奇，為何公司擁有的資產一直未有被發現，而需待德勤查帳後方發現呢？

　　自我接任公司執董之來，公司的資產、帳目及資金注入等，均由李錫勳負責，許多資料只有他一人掌握，「外人」根本「不得而知」。

　　「發現」這幅農地後，我們立刻考慮將其套現以作發薪。自我對傳媒朋友提過有此情況後，許許多多有心的朋友馬上表示有意購入，以表示對亞視員工的支持，儘管那只是一幅位於荃灣川龍山頭，並未有車路可直達，而且只可作農地用途的地皮。

　　幾經考慮各方出價後，我們終決定向「鋪王」波叔鄧成波先生出售此農地，也感謝波叔「雪中送炭」。有趣的是，當我

們已出售農地的消息被報道後，仍有不少朋友有興趣購入。

　　一位由傳媒朋友介紹、具有內地背景的朋友，表示願意以比波叔出價更高的價錢購買地皮，更會向波叔支付我方毀約的補償金額。可是基於合約精神以及商業道德，我們也只能婉拒這位朋友的好意，但是我還是十分感謝他的熱心支持。

18. 轉讓節目版權

葉家寶

農曆新年是中國人最重視的傳統節日，2015 年農曆新年大年初一是 2 月 19 日，如果農曆年前仍未能發放 1 月份的薪金讓同事「過年」，這個農曆新年對同事而言絕對不是一個值得慶祝的節日。

當日我為此事十分擔憂。

這個大年三十晚，除了發薪大事外，也是通訊局給予亞視繳付一千萬元牌照費用的死線。當時在董事會內，有董事建議，如有資金的話，需先繳付牌費，讓亞視「保住個牌」。我對此是持反對意見的，我一直亦認為，需以同事為先，以發薪為第一考慮。

在股東及投資者不注資的情況下，如何能夠籌措這些資金？那時我有一種強烈的感覺，彷彿全世界也想亞視「死」：股東投資者不注資、勞工處上門調查搜證、法院發出傳票、通訊局追收牌費以及泛民議員的炮轟。

究竟在這件事上，政府、議員以致各方機構，是否各方只有追討亞視的責任，而沒有幫助亞視的責任？那為什麼亞視的管理層及我本人，這些「打工仔」又要背負這些重擔？這個問題我至今也無法理解。

在沒有辦法之外，我們除了變賣農地，轉讓節目版權及擁有權也是我們的唯一出路。

亞視歷年以來製作的電視劇集、節目，都是我們這家電視台的「靈魂」，當天在別無辦法之下，董事會授權管理層變賣這些寶貴資產，我心內有如刀割。對於我這個流着「亞視血」的人而言，這真有如粵語長片中「賣仔」的情況一樣，內心的難受實在難以言喻。在亞視免費電視廣播結束之後，我聽到有些別有用心的人質疑我們當天的決定，我只能說在當時的情況下，這是唯一的選擇。這些人以「事後孔明」的態度去看當天的情況，我只會報之以一笑。

由於轉讓這些節目的版權及擁有權，我們終能夠籌集足夠的資金，能夠大年三十晚發薪予同事過年，以及向通訊局繳交牌費。這個「奇蹟」般的結果，讓我終能放下「心頭大石」，迎接羊年的來臨。

19. 驚心動魄 48 小時（一）
葉家寶

　　2015 年 3 月 31 日與 4 月 1 日 48 小時內發生的事情，令亞視的形勢出現很大的變數，這裏我與大家談談那「驚濤駭浪」下「驚心動魄」的 48 小時。

　　3 月 26 日有內地網站刊登了一篇王征先生的訪問，報道指王先生於訪問中提到「亞視將於月底倒閉」，其後王先生又指並未說過「氣數已盡」。無論如何，這「一石激起千重浪」，又令亞視的消息於 3 月底成為全城熱話。

　　從王征先生及黃炳均先生透露他們希望轉讓股權開始，這段期間的股權轉讓洽談，我都沒有參與其中，只是以我了解王先生及黃先生正在處理有關事宜。

　　我與匯友資本的胡景邵先生及何智恆先生都是朋友，我亦知道兩人一直與王先生及黃先生洽談購入亞視股權。3 月底時我更收到何智恆先生的短訊，指「我們將很快成為同事」，表示他們與王先生及黃先生洽談已有共識，待一切文件手續辦妥後將可公佈。當時我認為堅持數月以來，亞視終於即將迎來曙光。

3 月 31 日 下午 5:31

3 月 31 日下午 5:31，我正於辦公室工作。電話響起，我收到王征先生通知，指大股東黃炳均先生與他本人決定接受香港電視主席王維基先生的主要條件，將黃炳均先生的股權轉讓予香港電視。他並建議亞視於《六點鐘新聞》可播出此新聞，以及公關科對外發放聲明。

我第一個反應是感到驚訝，因我所認知的是匯友資本的胡景邵先生及何智恆先生已就購入黃炳均先生的股權洽談至最後階段，理應成事在即，可是卻為何突然殺出王維基先生？

當時的情況我以「十萬火急」來形容，由於《六點鐘新聞》播出在即，我馬上請新聞部主管研究報道有關訊息的可行性，另方面我馬上致電黃炳均先生求證，黃先生給予我的回應是有關訊息屬實。最後我們決定於《六點鐘新聞》中，以引述投資者及股東消息的方式報道有關訊息。

20. 驚心動魄 48 小時（二）
葉家寶

3月31日下午6:00

《六點鐘新聞》播出時，我與黃守東在辦公室研究有關聲明的字眼，當關於亞視的這則消息一播出，我和同事的電話便馬上同時響起，全港所有傳媒一同不停地「急 Call」我們以了解事件，惟我們當時仍在向不同方面繼續了解事件，所以未能馬上接聽回覆，在此謹致歉意。

當時我也馬上致電王維基先生，以再了解有關消息，惟王維基先生的電話響聲為外地響聲，亦未有人接聽，故我未能聯繫上他。

另方面，我再向胡景邵先生了解情況，胡先生向我表示，有關購入亞視股權的協議文件，他一早已簽妥，只待黃炳均先生及王征先生簽字便即告作實，而他從新聞中看到有關黃先生及王先生稱將亞視股權轉讓予王維基先生的消息，也感到非常疑惑，不明所以。

我更是「一頭霧水」。

3 月 31 日 晚上 7:00

未幾，約晚上 7:00，仍在辦公室的我接到王征先生電話，相約我及亞視經理人德勤會計師代表，於晚上 8:15 到他的居所商談要事。

3 月 31 日 晚上 8:15

我準時到達赴約，王征先生向我們表示，需當晚馬上研究及撰寫一封信件予商務及經濟發展局以及通訊事務管理局，陳述及解釋由於當時亞視已有人「接盤」投資，故要求有關當局批准亞視的續牌申請。當晚我們眾人便花了整晚時間撰寫此信，並將信件的大致內容撰寫為聲明向傳媒發放，有關內容可參看我 3 月 31 日的博客文章。

4 月 1 日 約凌晨 0:15

完成有關信件時已過凌晨 12 時，王征先生陪同我下樓。在樓下遇到傳媒追訪，也被傳媒拍下我與王先生的那張新聞相片。

4 月 1 日 約凌晨 1:00

在經過如此「反高潮」的一天後，回到家中的我已疲累不已。由於王征先生及黃炳均先生均向我表示有關消息屬實，故當時我和同事們的感覺都認為有關消息是真確的，然而卻又有一種說不出的憂慮與不安感。

21. 驚心動魄 48 小時（三）
葉家寶

一夜難眠。

甫醒來便馬上打開電視看新聞。看到的消息是港視於聯交所刊出澄清公告，指王維基先生及港視均未有與任何人士達成購買亞視的股權協議。

我的心頭涼了一截，不禁問自己，究竟發生什麼事？

然而亦不由我多想，我知道這天會有無盡的事情需要處理，我也無時間與心力去思考究竟為何王征先生與黃炳均先生會向我表示「接受香港電視主席王維基先生的主要條件，將黃炳均先生的股權轉讓予香港電視。」的消息屬實。

以上便是關於 3 月 31 日我所經歷有關「王維基先生購入亞視股權」事件的全部。直到現在，當天為何會發生這樣的一件事，對我而言仍然是一個謎，可能也只有兩位王先生才知道事實的真相了。

4 月 1 日 約上午 10:30

　　於公司開完了管理層會議，同事們都滿腹疑問。然而根本再沒有查證的餘地與時間。我只能馬上盡一切努力，希望挽救如此危局。我再與王征先生溝通，促請他與黃炳均先生達成先前與匯友資本的協議，向匯友資本轉讓亞視的股權。最後王先生及黃先生表示同意有關做法，我立馬前往金鐘德勤會計師樓簽署有關文件。

4 月 1 日 下午 2:00

　　德勤會計師樓舉行記者會，公佈有關亞視股權轉讓的消息。

4 月 1 日 下午 3:00

　　亞洲會會員到行政會議外請願，請求正開會討論亞視續牌事宜的行會，續牌予亞視，我到場感謝亞洲會會員對亞視的支持及不離不棄。

4 月 1 日 下午 5:30

　　我與黃守東由公司乘車往將軍澳壹傳媒接受李慧玲的《一錘定音》訪問。出發前我們已聽到消息，指仍在開會的行會，已決定不續牌予亞視，惟由於尚未有確實消息，我和同事們仍抱有希望，希望事情會向好處發展。

22. 驚心動魄 48 小時（四）
葉家寶

<u>4 月 1 日 約下午 5:45</u>

我們的車剛到沙田濾水廠外天橋，我收到公司同事來電報告，已收到通訊局的「不獲續期通知書」文件，正式宣告我們續牌失敗。當時我和黃守東於車上四眼對望，大家都覺晴天霹靂，難過至極。當時我感到自責，是否我做得不夠，做得不好，令事情發展到如此地步？

<u>4 月 1 日 晚上 7:30</u>

完成了《一錘定音》的訪問，天已黑，心情有種難以說出的難過與悲傷。我對亞視有不能言喻的感情，又經歷「迎難而上」期間的努力，落得如此結果，該如何是好？公司未來將會如何？數百員工的未來又會如何？我們在壹傳媒地下大堂沙發稍作休息，看到玻璃牆外天已黑，壹傳媒的員工又紛紛經過大堂下班，可能是已知道亞視不獲續牌的消息吧，人們路過我們身旁時都對我們注目。

我倆更形落寞。

▲ 2015 年 4 月 1 日《明報》報道。

4 月 1 日 晚上 8:00

在接受了在壹傳媒大樓門外守候的傳媒訪問後，我也顧不得心情，馬上前往港島，與有意購入亞視影視作品版權的人士會面開會，繼續「撲水」以向員工們發薪。這位人士，也正是後來我們的新投資者司榮彬先生。

4 月 2 日 凌晨 1:30

完成會議。尚未吃飯的我已全無胃口，腦裏一片空白。

亞視不獲續牌，對於那時的我來說是一輩子以來最大的打擊。然而，我知道事情已經大定，下一步要處理的是，如何照顧好同事，以及為同事、為亞視找另一條出路。

就這樣，我過了「驚濤駭浪」的 3 月 31 日及 4 月 1 日「驚心動魄」的 48 小時，但回想那時的 48 小時，仍感驚心。

23. 我的官司

葉家寶

▲感謝所有於官司中支持我的好朋友們。

　　2014年至2015年因公司欠薪而讓我個人牽涉的官司，雖然最後是讓人失望地以我作為「打工仔」的身分而受到責任告終。當天我經歷了人生最大的一擊，那段日子我事事以同事利益為先，蒼天可鑒。「罪名成立」四字，令我反省當今社會的核心價值何在？堅持不放棄的獅子山精神是否已經過時？明哲保身提早跳船是否就是最佳的選擇？我只是想瞭解如果要逃避刑責，到底當時我除了選擇離開，放棄帶領員工堅持等候曙光，還有沒有其他更佳的抉擇？

　　我難過、我痛心疾首、我心力交瘁。

否認縱容欠薪　葉家寶：我都係打工仔

【明報專訊】亞視執行董事葉家寶（圖）被指疏忽或縱容亞視拖欠24名員工去年7月至今年1月的薪金及超時津貼，涉款逾113萬元，案件昨續審。葉辯稱從沒有拖欠薪金的念頭，「員工嘅人工最重要，所有嘢唔可以凌駕佢」。葉強調自己也是打工仔，與打工仔同一陣線，否認縱容亞視欠薪，當時認爲欠薪只是短期問題，亞視很快會有「新嘅希望」，遂從沒想過要離開亞視。

自己無糧出　方知公司財政出問題

葉家寶昨續出庭自辯，形容去年臨危受命成爲亞視執董，雖知道公司一向入不敷支，惟至去年9月底收不到自己的糧單，查詢財務部後才得悉公司出現財政問題。至11月底，亞視再次出現資金問題，葉致電主要投資者王征及大股東黃炳均，望對方能夠借錢予公司，但黃於與另一股東蔡衍明的官司中敗訴，法庭要求黃出售10.75%亞視股份，令黃不再是亞視大股東，故黃拒絕繼續借貸予亞視，惟同時蔡一方也拒絕負責員工的薪金，最終員工11月的薪金需靠變賣亞視資產及其他開源節流方法才籌得。

葉形容在亞視欠薪期間，自己「廢寢忘餐、筋疲力盡」，與其他管理層更曾借錢予生計有問題的員工，款項達數千至十幾萬元不等。葉稱曾向員工分析，若他們對公司前景及穩定沒信心，鼓勵他們離開公司。葉說全體員工700多人中，只有63名員工選擇自動遣散，部分人更不捨公司，哭着離開亞視。

稱曾反對交牌費不出糧

葉稱，今年2月公司獲得資金後，曾有董事認爲應先將資金用作繳付牌照費，惟在葉强烈反對下，董事局同意發放員工薪金。葉形容：「我好多時犧牲自己嘅嘢，有糧唔出住先。唔係爲自己，我都係一個打工仔，同打工仔同一陣線。」

此外，亞視仍拖欠員工今年9月份的薪金，今天是發薪期限。**亞視發言人回覆稱正積極安排，希望盡快解決。**

【案件編號：STS13719-35/14、STS925-45、2116-2117、2363-2373、2393-2411、2434-2455、2886-2895/2015】

▲ 2015 年 10 月 7 日《明報》報道。

立法會議員梁美芬（左）昨為亞視執董葉家寶（右）任品格證人。梁美芬在庭外稱，現時仍為節目《感動香港》任評判，笑言「估唔到佢哋仍然做到」。　（章淑廉攝）

梁美芬當葉家寶品格證人「未見過咁嘅人喺香港」

【明報專訊】亞視執行董事葉家寶被指疏忽或縱容亞視拖欠24名員工去年7月至今年1月的薪金及超時津貼，涉款逾113萬元，案件昨續審。**經民聯立法會議員梁美芬**昨爲葉出庭任品格證人，高度讚揚葉爲人無私，爲亞視「留守到最後一刻」，慨嘆「亞視好夠運」，坦言「我真係未見過咁嘅人喺香港」。梁美芬聲稱曾致電亞視股東，要求對方支薪，惟無功而回。

梁指曾游說王征蔡衍明出資

梁美芬指葉家寶於約5年前，親自致電邀請其出任節目《感動香港》的評判，兩人因而結識。梁美芬去年底得悉亞視面臨財困後，主動致電亞視股東，望能協助調停糾紛。但最終因有股東不願意出資支付薪金而游說失敗。梁美芬昨在庭外透露，當時曾先後致電王征及蔡衍明，游說對方出資。梁美芬稱王當時要求所有股東都出資，惟蔡拒絕，最終未能爲亞視帶來資金。

梁美芬形容葉家寶「好無私，機構好難得有咁好嘅人幫佢哋共患難，我真係未見過咁嘅人喺香港」。梁美芬憶述，亞視欠薪期間，葉曾在一次演講中說，「信是未見之時的實體」。梁美芬對此印象深刻，更慨嘆「點解有啲咁嘅人」，稱讚葉積極爲公司籌集資金，稱「巧婦難爲無米炊」。

梁美芬認爲，管理層應確保員工獲發薪金，惟員工實際上是否已獲發薪金，則要視乎公司內部分工。管理層不知員工實際上何時獲發超時工作津貼，屬監管問題，疏忽與否則需了解對方是否在有意識下犯事。控辯雙方將於本月27日結案陳辭。

【案件編號：STS13719-35/14、STS925-45、2116-2117、2363-2373、2393-2411、2434-2455、2886-2895/15】

▲ 2015 年 10 月 9 日《明報》報道。

幸好如雪片飛來的問候及祝福，叫我繼續加油，繼續堅持。因為他們全然相信，我為保留公司不用立即倒閉，保住員工飯碗，為員工爭取薪金，已盡了我能力範圍內的最大努力。畢竟我只是職銜上是執董，我既不是老闆，也沒有股份花紅，只是與所有員工一樣的「打工仔」。

這段路走來，我還是要感謝很多人的支持。

感恩一直以來支持我的同事、同學、家人、教友、朋友、網友及街上素未謀面，但給我打招呼、給力、打氣、寫信、獻計、加油、代禱的眾人，我會銘記於心；感恩那段期間我因面對傳媒，面對法院，面對群眾而孕育出來的勇氣和智慧，讓我反省

◀ 2015 年 11 月 28 日《明報》報道。

▲ 2015 年 12 月 3 日《明報》報道。

今後做人更懂「心廣路自寬」。我更堅信「自反而縮，雖千萬人，吾往矣！」之大無畏精神；感恩過去用實質行動來支持我及亞視的企業、客戶、社團及友人，因您們的高風亮節，使我們可以有維持經營的補給。只要您們一個笑臉、一聲祝福、一個手勢，合十代禱，我就感覺您們與我們同在。感恩在傳媒行業工作了四十年，我依然有最初入行的熱情、信心、愛心和勇氣；心中依然有一團不滅的火，依然相信正義必勝，人間有情。

　　感謝支持我的眾人，更有接近 90 歲專程從將軍澳來支持我的表姐，大家的真情厚愛，讓我感到雖然長路漫漫路迢迢，但我

聞輕判感恩 以無四肢作家自勉

亞視執行董事葉家寶昨被輕判罰款15萬元，葉聞判後表示案件終告一段落，對自己要面對刑責感到不解，但同時對被輕判「感恩」。葉又向在場記者展示無四肢作家力克胡哲（Nick Vujicic）的 Stand Strong 一書，他說作者無手無腳，但都堅強生活，自己會如作者一樣積極面對。

葉：受薪僱員居然要面對刑責

葉家寶昨與20多名親友，包括藝人鮑起靜、黎燕珊等手挽手抵達區域法院。到庭支持的藝人均表示滿意判刑，指裁判官認同葉的工作，公司應負責罰款。

葉家寶聞判後在庭外表示，自己亦是受薪僱員，「居然要面對刑責」。對此感到不解，但對判罰15萬元表「感恩」。他稱案件長達400多日，令他百感交集，事件終告一段落，感謝各界支持。他說，案件令他上了寶貴一課，認為人生要不斷學習，亦充滿挑戰，鼓勵他人要堅強面對，未來會更謹慎處理公司業務，本住良心做事。

撐場藝人：公司應負責罰款

藝人鮑起靜在庭外表示，本來眾人擔心葉家寶會被重罰，現完全接受罰款，並強調「唔應該由佢嚟承擔」，應由老闆支付罰款。劉錫賢亦形容案件雨過天青，被問到亞視出糧情況，他說公司有行政調節，現每月均會在法定限期前出糧。

曾為葉家寶作品格證人的立法會議員梁美芬，昨有到庭支持葉。她為葉輕判感到開心，又認為葉活現了感動香港的精神，感動了300多個員工為他求情，梁又認為案中最感負責的是「有能力出錢嘅人」。

另外，曾在網上呼籲網民包圍亞視、反對政府向亞視發牌的曾慶光在庭外舉牌，斥葉「玩弄讒言偽術，欠薪被罰單有應得」，又大唱徐小鳳的《喜氣洋洋》。

▲ 2015 年 12 月 3 日《明報》報道。

並不孤單。感謝為我寫求情信的友人，您們對我過去行為的觀察入微，對我的嘉許，我將會加倍努力，追求品格的完善，不負您們對我的期許！感謝過去堅持留守亞視的員工，由於您們的堅持，令亞視不會即時倒閉，使我並不孤軍作戰；感謝我大學及中學的同學，因您們在社交群組的留言，讓更多散佈在各地的同學，瞭解事件的進展，給我撰寫求情信及發動支持的力量！感謝我的朋友群、仁美清敘、亞洲會、泰山公德會、愛港之聲的成員，因您們一直給我加油打氣，使我有前進的方向！感謝我的律師團隊、給我意見的律師朋友，使我更瞭解香港法律的精神；感謝網友及全港支持我的市民、基督徒，過去一年多的關心、代禱、祈求、獻策、發聲，讓我明白到雪中送炭、人間有情；感謝法官聽了證人及求情者的聲音，作出了判決。感謝神，祂一直與我同在。我會深深反省及自察，今後必更加地以員工福利為先。

我向一切「迎難而上，堅持不放棄」的人士致敬！

如今再回首，那段「過山車」的歲月，我無怨無悔！

24. 另一段人生的開始

葉家寶

▲ 2016 年 3 月初一眾「麗的亞視人」大合照。

在 2015 年聖誕節前夕，我帶着依依不捨的心情，離開了前後工作了二十多年的亞洲電視，我便休息了一段時間，到了北京、日本、上海及溫哥華旅行，還到了加拿大黃刀鎮看北極光。在經歷了「人生過山車」之後，這是一段復元的美好時光。

2016 年春節過後，我便到了上市公司協盛協豐控股有限公司，擔當執行董事與行政總裁的工作，後來這間公司旗下的公司，還成為重組亞視的新股東，組成亞洲電視數碼媒體有限公司，而協盛協豐控股如今亦已改名為「亞洲電視控股」。

▲《ATV 2015 亞洲小姐競選》中國內地賽區總決賽三甲佳麗。

　　原本我第一個任務是要與當時亞視新投資者司榮彬先生合作，辦好《第 27 屆亞洲小姐競選總決賽》，作為免費電視最後一個節目，並過渡到網絡電視的緊接播放。後與當時亞視的臨時清盤人德勤會計師事務所及各方持份者多次會議後，最終還是否決了在亞視免費電視廣播期結束前，舉行這個免費電視服務牌照下最後一屆的總決賽，所以到今天為止，《第 27 屆亞洲小姐競選》是沒有完成的，而止於《中內地地賽區總決賽》。

　　由於我在上市公司擔任管理層的關係，所以公關言論要加倍小心，因為一段消息的發放，隨時會影響股價的上落，亦會引來證監會的關注，所以那段日子，很多消息都不能隨意向外公佈，而要發放的消息，措詞都要特別謹慎。

亞洲電視於 2016 年 4 月 1 日晚上 11 時 59 分終止於大氣電波內的免費電視服務廣播，已是鐵一般的事實。隨着這一天愈來愈近，很多傳媒都在做「亞視人」的團年晚飯、開年飯和最後倒數的直播活動等專題式報道。當時不少的傳媒都邀請我參與有關倒數活動。我想到當天的心情一定是非常複雜，又怕「順得哥情失嫂意」，故還是選擇了留在家中，安靜獨處，亦沒有收看任何傳媒的「關機前最後直播」，因我不想親自見證這一刻的到來。

記得 3 月初，在電視專業人員協會會長徐小明的發動下，我們一眾「麗的亞視人」曾在一個清晨，齊集亞洲電視總台拍攝大合照留念，一起回憶亞視曾經的「光輝歲月」，那是對亞視一個最好的緬懷。其後我又參加了《蘋果日報》「家寶家書」的錄製工作，細說我在亞視的日子。《明報》亦做了一個由我再度為第一屆亞姐冠軍黎燕珊加冕的專輯。那天同是出身於首屆亞姐的朱慧珊都來了，我亦為她再戴上和平小姐的

亞視再拖糧 葉家寶辭職

【明報專訊】昨日是亞洲電視發放 11 月份薪酬「死線」，亞視稱昨日收到投資者借貸，已向超過一半員工發薪，惟部分員工仍未收未收薪金。早前曾表示若死線前仍未能出糧便會辭職的亞視執行董事葉家寶，昨晚宣布辭職，稱不能再「以身試法」，留任須面對嚴重的法律責任。亞視發言人又證實，今日一個亞洲小姐宣傳活動因財政問題臨時取消。

亞視在昨日死線前仍未能向全部員工出糧，執行董事葉家寶宣布辭職，稱不能再「以身試法」，留任須面對嚴重的法律責任。圖為葉家寶昨早回亞視的情況。（林祖偉攝）

逾半員工收到 11 月薪金

亞視發言人表示，亞視昨收到投資者借貸資金，供發放 11 月份薪金之用。公司已全數使用旗下資金，陸續向超過一半員工發薪，惟部分員工仍未能出糧，又稱葉家寶先生已辭任亞視執行董事。另外，原訂今日舉行的一個亞姐宣傳活動，亦因「財政問題及危機」臨時取消。

財困取消亞姐宣傳活動

有亞視新聞部員工昨表示，仍未收到出糧支票，對公司仍未出糧感憤怒、不滿。新聞部員工則表示，將向勞工處投訴亞視欠薪，但認為欠薪與葉家寶無關，惋惜「好慘」，贊成他辭職。亞視藝員楊正軍的午稱仍未出糧，他稱葉也是打工的人，「打工打到坐監很慘」，若他在公眾眼所出不了糧，認為葉家寶已為公司做了好多，會支持他的決定。

勞工處表示，一直與亞視管理層磋商，敦促他們準時發放工資；勞方會密切監察亞視能否如期支付 11 月份工資，如有逾例會依法處理。

葉家寶昨晚在網誌表示，辭任執董是十分困難的決定，他說早前已因未能如期向同事發薪，以執董身分承擔法律責任。葉稱一直以最大努力，促請投資者及投資者必須依法定期限嚴正資亞視，惟但日亞視仍無法向全部員工發放 11 月份薪金，他不能再「以身試法」，留任執董須面對嚴重的法律責任，故此「在到無選擇的情況下」，只能辭職。

葉：不能再以身試法

葉稱雖已辭任執董，但仍然會盡一切能力，協助亞視同事爭取權益。葉說這段日子他傾人因公司的問題背上官非，要承擔法律責任，「是我人生至今為止，最不能磨滅的一刻」，又感激同事給他的「加油」支持、「傳播及鼓勵」，指這將成為他最美好的記憶。

根據《僱傭條例》，僱主如故意及無合理解僱而不依時支付工資給僱員，一經定罪，最高可被罰款 35 萬元及監禁 3 年。葉家寶早前指確逾涵容亞視，拖欠 24 名員工去年 7 月至今年 1 月的薪金及超時津貼，追討逾 100 萬欠薪事件，上周三被判罰款 15 萬元。

▲ 2015 年 12 月 8 日《明報》報道。

▲ 我為黎燕珊再度加冕。

綵帶，大家一起暢談在亞視工作的苦與樂，說起離愁別緒，像在與一位親人告別。的確，麗的亞視都是這批人付出青春歲月而煉成的。

由於我第一本著作《有緣再會 —— 我在亞視最後一年》在 2016 年 3 月 31 日面世，書本監製黎文卓先生與我商量，也充分掌握最好的公關策略及宣傳價值，決定在 3 月 31 日和 4 月 1 日兩晚，於西九龍中心舉辦「有緣再會」簽書會與亞視倒數活動。我兩晚都有參加，席間看見亞視的支持者蜂湧而至，兩晚的購書簽書者也絡繹不絕，他們對亞視即將結束免費電視廣播都難捨難離，大部分都是亞視的

▲ 2016 年 4 月 1 日「有緣再會」新書活動上。

「鐵粉」。4月1日在活動即將結束的一刻，大家齊唱《萬里長城永不倒》的時候，我終於忍不住掉下「男兒淚」，最後還嚎啕大哭了一場。畢竟這個曾服務了二十多年的機構，續牌失敗的情況竟在我擔任執行董事任上出現，怎不「悲莫禁」！

那晚的電話短訊響過不停，不少人都是為亞視最後畫面的「Sharp Cut」（突兀終止）而感到詫異。由於當時我已離開亞視，亦不了解箇中的原因，不想妄加評論，只可大膽地說：「假如當時我仍在亞視，一定不會讓亞姐的一個節目，成為麗的及亞視 59 年收費及免費電視廣播歷史上的終結。」

過去兩年多來，在路上我遇到不少認識或不認識的朋友，都很關心亞洲電視的最新動向，很多時都會走過來問我近況。不少人以為我仍在亞視工作，我只可說：「我心仍很記掛那班一起拼搏的『亞視人』，及一直以來那份『迎難而上，堅持不放

▲我於影音使團創世電視開展了新一段的人生。

棄』的亞視精神。這將會在我腦海中，成為一個永不磨滅的烙印，這才是真正的亞視永恆。而近一年我亦在影音使團創世電視開展了我的新生活。」

危機公關──黃守東篇

1. 危機降臨
黃守東

▲我與公關同事和《ATV 2014 亞洲先生競選》三甲攝於總決賽後。

2014 年 10 月。

在我於亞視工作的這些年裏，雖然公司一直都未算資源十分充裕，可是我們每年也籌辦了多個花費不菲的大型項目，例如「亞視 55 周年台慶」於北京、香港和深圳舉辦的三場大型晚會、每年一度的《ATV 亞洲小姐競選》、《ATV 亞洲先生競選》及《ATV 感動香港年度人物評選》等等。而且當時亞視的主要投資者王征先生具有內地背景，一般輿論的看法均為亞視獲得

相當的支持，所以直至未能發薪的危機降臨前，我和亞視絕大部分同事一樣，絕不會想到亞視正步入開台以來最大的危機。

根據香港的勞工法例，於每月完結後第七天前必須向員工發放上月薪金。而在我的認知中，除了早年公司銀行帳戶的變換外，從沒有發生未能如期發放薪金的情況。10月6日星期一早上，亞視尚未向員工發放9月份的薪金，我在參與完每天管理層會議後，向我當時的直屬上司、時任執行董事葉家寶先生了解發放9月份薪金的情況，以應對傳媒可能的查詢。葉先生回覆我的說法是相信今次的情況會「好麻煩」，一切尚待消息。我當時對此是感到相當驚訝的。

記得10月7日最後限期一天，亞視仍未能向員工發放薪金。當天的情況非常緊張，葉先生忙於與當時的亞視大股東黃炳均先生、主要投資者王征先生及董事會等溝通，跟進發薪的情況及可能性。恰巧當天按原定的計劃是我安排了葉先生到我的母校樹仁大學新聞系，出席每周周會與學生們分享電視製作的經驗和推介亞視的新節目，惟下午因資金安排仍未到位，葉先生只能缺席處理有關情況，並改由時任製作部助理副總裁趙汝強先生代為出席。

▲ 2011年《ATV台慶勁唱會》節目上，亞視台前幕後全體大合照。

▲《ATV 2014 亞洲先生競選》總決賽順利舉行。

當時亞視每年的大型節目都集中於下半年舉行，讓營業部的同事可以有較充裕的時間去尋覓廣告贊助投放。記得危機初現的時候，《ATV 2014 亞洲先生競選》正如火如荼地舉行，競選的總決賽定於 10 月 17 日進行，那段日子我幾乎隔天便就節目舉辦不同的宣傳活動，藉吸引傳媒的報道來增加公眾的關注。記得每次活動前我對亞洲先生們應對傳媒的簡介中，除了教授傳媒可能問及對競選和活動的問題回應技巧外，更大的程度是要因應公司時刻變動的危機情況，向亞洲先生們更新及指導回應有關提問的要點。

每年的亞洲先生和亞洲小姐參選者應對傳媒的經驗均比我們的藝人少，加上近年的參加者多有內地及外國的俊男美女，他們不甚了解香港娛樂傳媒的風格，可是他們參選期間卻代表着亞視的品牌，所以我每次總會花上相當的唇舌教導他們回應的技巧，以免失言而招來負面報道。

當時公司已從王征先生及黃炳均先生方面獲悉，稍後公司將會進行股權轉讓的事宜，意味很快會有「新老闆」入主。其時傳媒亦一直報道外間的消息，指多個本地及澳門的財團有

意購入亞視的股權，而「新老闆」上場後資金的問題將會迎刃而解云云。在員工的角度，亞視「改朝換代」對我們而言並不陌生，我於亞視八年間便經歷了查懋聲先生、蔡衍明先生、王征先生與黃炳均先生及司榮彬先生作為亞視股東和投資者的年代。

10 月 17 日在《ATV 2014 亞洲先生競選》總決賽當天，我們向傳媒發放了新聞公告，內容提及了黃炳均先生及王征先生將再次向亞視貸款，以供員工發薪之用。這份公告讓大家都鬆了一口氣，因當晚我們需要舉行現場直播的《ATV 2014 亞洲先生競選》總決賽。當時有位部門主管曾私下問我，會否擔心同事們因未能收到薪金，而於現場直播節目期間「兵變」引爆災難性危機？

我是「亞視人」，「亞視人」有一份難以言喻的特殊感情，在資源未如理想的情況下，永遠會走多一步做多一點，不希望亞視「衰」，我和亞視的兄弟姊妹們對亞視這個「家」都十分熱愛。所以我對於大家都是十分的信任，我相信以他們的專業態度和對於亞視的熱愛，一定會盡力做好節目履行電視人的天職，我對大家是投以信心一票的。而事實證明，當晚的節目圓滿順利地完成，「亞視人」都是最專業可敬的電視人。

10 月份的薪金在黃炳均先生和王征先生的支持下如期發放，當時坊間都以為過去的危機只是「個別性」事件。引用一句說話「暴風雨來臨前是最平靜的」，12 月的風暴將亞視再次拖進危機之中。

2. 真正的風暴
黃守東

　　當時亞視的兩大股東陣營包括王征先生、黃炳均先生一方和蔡衍明先生一方，雙方並有着關於公司的訴訟於高等法院審理。在我任亞視公關的後數年裏，公司有大大小小不同的訴訟，我的工作需要了解來龍去脈及最新情況，以建議公關層面的適當處理方法和回應供管理層決定，所以出入法院都是平常事。在這宗訴訟判決之前，亞視上下都未有特別覺得這宗訴訟的判決，會為亞視帶來真正的風暴。

　　2014 年 12 月 8 日高等法院對亞視股東爭議的案件作出判決，裁定王征先生違規控制亞視，導致通訊事務管理局建議不為亞視續牌，並決定接納蔡衍明先生一方的申請，下令亞視大股東黃炳均先生出售最少 10.75% 的亞視股權，令黃炳均先生及王征先生一方不再是亞視大股東。法院又委任德勤會計師事務所兩名獨立監管人進入亞視，參與尋找投資者購入黃炳均先生的股份、為該些股份定價、物色亞視行政總裁的人選、參與亞視申請續牌事務和管理以及查閱亞視的帳目等。特別一提的是，關於需要出售的 10.75% 亞視股份，出售的前提是必須要經過作為經理人身分的德勤會計師事務所同意的。

　　在我獲知有關裁決並判斷公司形勢的時候，我個人覺得當時已逾期尚未發放的 11 月份薪金，將不能夠以上次由黃炳均先生及王征先生貸款予亞視的方式解決。後來的日子裏，傳媒曾

多次於訪問中問到我對王征先生的看法，我認為當天我作為員工的身分，始終不應該、亦不適合評價老闆的事情。我相信大家對於亞視危機中各位人物的看法都有自己的角度和理解，各位人物對於危機和亞視整體的影響和責任，亦由大家自行判斷即可。

這裏我只和大家分享一些數年來我和王征先生的相處中，我個人親身認知到關於王先生的一些印象。我和王先生的首次見面，是在 2010 年 2 月於九龍灣國際展貿中心舉行的《星光家族演唱會》上，當時他以嘉賓的身分出席欣賞演出。在我的認知中王先生是一位性情中人，對於相信及認定了的事情、對別人的印象及看法，有着非常的執著，在做事上有與別不同的看法與毅力。王先生於香港及內地擁有不少的人脈，他時常邀請不同的朋友參觀亞視的廠房，或屬禮節的參觀或屬投資機會的探討。接待公司貴賓是公關及宣傳科的工作，我和我的團隊是具體執行的部門，我們會按管理層的指示就貴賓的級別作不同等級的安排，有時候更會安排藝人演出及參與接待。關於接待貴賓的事情，可能大家有印象傳媒曾對此作負面報道，這裏我可以對大家說，在我曾經負責及參與過於公司舉行的接待工作中，都是非常正常的商務式參訪，藝人的身分是公司的代表作禮節性接待及表演，並沒有其他異於尋常的情況。

貴賓接待的工作讓我有比較多的機會接觸到王先生，王先生亦時常對我負責的對外公關宣傳工作提出他作為觀眾的個人意見。在公司碰面時他沒有高高在上的老闆風格，並往往會面帶笑容主動和同事們打招呼。在大型節目及記者會中，他每遇

上高興的時候，總會真性情流露於面上，或作手舞足蹈之舉，大家可能亦從新聞中的鏡頭或相片中看到過。另外有一點我是印象特別深刻的，作為公關及宣傳科主管的我認為，雖然王先生來自內地，但他卻深諳香港傳媒之道，每每能夠於各次的記者會和傳媒活動中，在傳媒鏡頭下製造出話題讓傳媒跟進追訪。

及至後來他停止注資亞視，我只能夠說我覺得以我認識的王先生，在根據當時的形勢及情況下，將不會再向亞視注資。是故我當時認為亞視員工 11 月份的薪金，將不能夠以上次由黃炳均先生及王征先生貸款予亞視的方式解決。

當時亞視面對的問題除了財政危機外，還有免費電視廣播牌照的續牌申請尚在審批中。有傳媒報道曾引述消息人士指負責向決定亞視續牌與否的行政長官及行政會議提出續牌申請建議的通訊事務管理局，向政府提交的建議為不建議向亞視續牌。亞視卻於此時爆發如此的風暴，在我的理解會嚴重影響到有關續牌的申請，如果亞視失卻免費電視服務牌照，將會大大減少正在洽談購入股份的新投資者投資亞視的意欲。

3. 各有理據？

黃守東

▲「迎難而上」記者會。

在 12 月初我仍如常忙於《ATV 2014 亞洲小姐競選》的後續工作，包括眾多於內地舉行的領獎活動、邀請多位內地藝人來港宣傳的重頭劇集《四十九日‧祭》啟播宣傳活動以及我為亞視以公關顧問身分承接的外間活動「恆愛行動」等。這裏特別一提，今天內地「男神」胡歌當時曾來港到亞視總台出席我們舉辦的《四十九日‧祭》啟播禮，活動前後我們談天相處時已感覺到他那股帶有柔弱的清雅氣質。後來他果然憑這股天賦贏得萬千支持者的喜愛，成為近年內地炙手可熱的藝人。

其時由於一直未能發放 11 月份的薪金，內部不少的同事對公司開始持有較大的不滿，而亞視作為持牌廣播機構，有關欠薪的情況亦讓勞工部門亦屢屢發聲關注及派員了解，更已表示考慮就有關情況作出檢控。

情況至12月中已鬧得全城關注。12月22日葉家寶先生對傳媒引述王征先生一方表示對亞視「已完成歷史使命」，並引述王先生一方希望於早前訴訟中勝訴的蔡衍明先生一方對亞視「拔刀相助」注資解決問題。而蔡先生一方亦發表聲明提出看法，一時間雙方隔空互有火花。

　　當時我個人理解的看法是，王先生一方認為既然法院訴訟已敗並判定需要賣出股份，那應該由勝出的一方來履行注資和發薪的責任；可是蔡先生的一方持有的看法是，在過去的一段日子裏並沒有亞視管理的參與權，現在出現問題時當然應該由這段日子中主導亞視的一方去負責解決。如果我抽離員工的身分去看這個情況，在商業投資的角度上，雙方都似有他的理據。然而，這正正會造成難以解決問題的死結局面，亦未有顧及到員工的情況。

　　按實際情況而言雙方都是亞視的老闆，公關作為公司的喉舌需要時刻跟進情況的發展以應付每天大批傳媒的查問，惟當時的形勢瞬息萬變，我作為亞視的公關，着實需要不少的耐心、智慧和心思去領悟一切，方能做出最適合的做法。而從此時開始我負責的公關及宣傳科的工作重點，便由亞姐、亞生、感動香港及其他節目宣傳，轉為與葉家寶先生一同處理公關危機。

　　12月底公司透過收回廣告費用等方法籌集資金發薪的工作雖然已見成效，惟卻只能足夠向同事們發放11月份一半的資金，令多個部門包括新聞及公共事務部的同事都有不少的意見。由於不少的同事都是透過主管傳達公司危機的情況，所以很多同事對於目前的情況及管理層所作的努力亦不甚了解，故當時

管理層決定舉行員工大會向同事們親自講述公司的情況。

我在亞視多年的認知是，亞視一直都需要股東及投資者每月注資供發薪之用。雖然在股東及投資者拒絕注資的情況下，而只靠亞視自行籌集資金發薪，發薪日期根本不能確實預知，但我們仍然覺得需要向同事們坦白告知公司的現況，同事們是有權利知悉有關情況，並作為個人去留決定的依據。

由於當時亞視的危機已廣受傳媒追訪，我認為除了向同事們告知情況外，亦有必要向傳媒通報有關的情況，其一是我們希望向外界發放一個訊息，就是亞視在此困境中亦不會放棄，並會堅強面對，希望挺過難關及成功續牌後迎來新投資者到來，讓亞視不致倒閉而能夠延續；其二因為其時流言滿天飛，由管理層作正式通報有助澄清部分不實謠言；其三是讓外界更了解亞視現時的困境，有助營業部的同事往外尋求客戶投放廣告支持，增加公司的收入供發薪；其四是方便傳媒朋友的工作，由我們統一會見傳媒報告情況，免得大家需從各途徑向我們作出查詢。這建議獲得葉家寶先生接納，是故我們在員工大會後特別安排管理層團隊於地下大堂會見傳媒。

大家可能有印象這次會見傳媒的佈景版上，印有「迎難而上」四字。這裏說說背後的由來。在決定會見傳媒的安排後，我認為必須要為有關的情況賦予主題，以突出我們當時的取態及加強傳播效果，讓公眾能夠有更深的印象。有關的字眼由葉先生、時任市場營業部主管譚文智先生及我三人於當天上午管理層會議後構思，大家曾經提出過較長的字句「發揮亞視精神，

迎難而上，堅持不放棄」，惟我建議應以較簡短為佳，以顯淺易明的四字來一語中的，是故我們一致決定同意使用「迎難而上」作為標語。往後傳媒報道亞視的新聞時，每每都提到亞視「迎難而上」，其時我們新聞部記者黃婉晴往採訪房委會記者會提問時，時任房委會財務小組主席蘇偉文先生回應前，更先以「迎難而上」鼓勵她及亞視員工，反映有關設計已達到相當效果。

雖然我們一眾「亞視人」出於履行免費電視服務的專業精神，以及對亞視那份說不清的熱愛而選擇堅守，然而公司始終是未能如期發放薪金予員工，加上情況廣受社會關注，故此勞工處在「迎難而上」後翌日，即 12 月 31 日大除夕向亞視及時任執行董事葉家寶先生發出 34 張傳票。這亦是亞視下一波的危機。

4. 努力自救
黃守東

▲《萬聚同心撐亞視》記者會。

　　2015 年元旦新年假期過後，由於公司未能向同事發放全份 11 月份的薪金已達一個月，按勞工法例員工可引用「10A」條例即時離職。此前外間普遍認為亞視員工將大規模辭職，然而實際情況是只有小部分的同事離開，在各部門主管作人員調動及節目調整後，亞視亦盡最大程度維持廣播服務。

　　在「迎難而上」的期間裏，亞視在尋覓資金上及形象上亦進行多番的努力自救，期待新投資者的到來。在尋覓資金上，亞視按實際的情況調整了廣告價格，吸引更多的客戶支持；另外又變賣了持有的農地資產和內地一些物業資產套現；與亞洲會合作推出《萬聚同心撐亞視》大型義演特備節目，讓有心的

朋友捐助支持；還有最讓我們「亞視人」痛心難捨的是公司當天在為了維持亞視一線生機的前題下，於別無選擇的情況作出了變賣自製影視作品版權套現決定。

▲亞洲電視片庫移交儀式。

我在 2010 年曾經負責籌辦過「亞洲電視片庫移交儀式」公關活動，將亞視片庫中約四百部於上世紀四十至九十年代製作的本港粵語電影珍藏移交香港電影資料館作永久保存。那次活動我有非常深刻的印象，第一是因為該次活動為時任亞視行政總裁胡競英小姐最後一次代表亞視出席由我籌辦及安排的公關活動，活動後不久胡小姐便離任崗位。胡小姐關心我們員工的那些對話以及臉上親切的笑容，於我的印象中是歷久不忘的；第二是由於籌備活動的緣故，我曾花了不少的時間將一盒盒舊式電影拷貝翻看再翻看。那時我將那些電影拷貝捧在手上，深深感受到它們都是香港影視業的文化瑰寶。

是故我深深明白由我們製作的影視作品對亞視而言的珍貴之處及意義。記得有天我知道外間機構於購入部分作品後，派出貨車到亞視接收影帶。那時我特意放下手上工作趕到地下的卸貨區，想再看看那些我們製作的瑰寶。我是一個對亞視充滿感情的「亞視人」，看到這些一箱箱的「家傳之寶」被搬上貨車運走，當時有着難以言喻的心酸和難過，直到執筆此時回想當天片段亦感到酸在心頭。我相信這是讓每一位「亞視人」難過的，雖然我在理智的層面上理解「成大事者不拘小節」和公司管理以目標為本的出發點。

在我的認知下，當天公司股東及投資者堅持不作注資，而傳聞及消息中所指的新股東及投資者進場的情況又一直只聞樓梯響。當時公司的目標為盡一切努力維持運作，希望能夠等到續牌申請成功和新股東及新投資者進場，讓亞視能夠有重回正軌的機會。要達至此前提，就必須要維持足夠的員工履行廣播責任及維持運作，惟以其他方式覓尋的資金卻一直不足以應付多個月的發薪，所以我的理解為，當天公司在為尋覓資金發薪以履行僱主的責任和維持運作的前提下，不得不作出變賣影視作品版權的決定。我相信即使是時任公司管理層，亦是忍痛作出此決定的。在我的認知以及於公開資料中所知，有關作品版權的變賣是得到董事們的同意下方作出的決定。

後來坊間有聲音質疑當天管理層的決定，我理解有部分朋友在不了解當天極端困境的情況而有此想法。惟記得去年 2017 年有一次機會我與兩位分別曾於本地娛樂集團及免費電視台出任過高級管理崗位的先生面談，於行內打滾多年並知悉當時亞

視困境的兩位先生，在事過境遷後的今天卻以「事後孔明」的態度抨擊當時公司的決定。兩位先生這些「馬後炮」式的行為，教我質疑他們的眼界水平和別有用心的動機。

而在形象方面，當時公司認為外間傳媒每天追訪亞視的新聞，作為傳媒機構的亞視不能不製作節目向觀眾報告亞視每天的情況，故此在不增加額外成本的前提下，我們製作了《ATV這一家》的節目。我亦盡量安排葉家寶先生恆常性的到不同的電台節目，以公開透明及主動的態度與公眾分享亞視情況的進展，又接受多次傳媒專訪，透過軟性的角度讓公眾深入了解亞視的情況和同事們可敬的堅持。另外，有些公司的情況可能未必適合公開接受傳媒提問及回應，所以我們亦開設了葉先生的個人博客「家寶博客」作為平台，每天更新公司危機的事態發展，讓公眾及傳媒多一個平台了解亞視的情況。

當時仍留守亞視的同事們，在相當程度上抱有一個想法：我們對這個「家」都抱有相當感情，不想這個家就此結束。在公司股東及投資者不注資的情況下，我們只有努力自救，希望能夠憑毅力為亞視迎來續牌成功及新股東和投資者進場的結果，讓亞視能夠再有春天。

5. 續牌失敗
黃守東

　　2015 年 3 月是個關鍵的月份，消息滿天飛，坊間不斷傳出消息指亞視將不獲續牌。另一邊廂卻又傳出了不少有意洽購亞視的股權的名字，包括皓文控股等。惟按我當時所知的消息，真正洽談中而成數較高的，卻不是這家公司。至 3 月底一家內地的傳媒《財新網》刊出王征先生指亞視「氣數已盡」的訪問又惹來一陣風波，後來我們又發放聲明指有關報道有謬誤之處，報道所言不是王先生所指的意思。

▲ 2015 年 3 月 27 日《明報》報道。

　　這裏有一個有趣的小故事。在《財新網》的訪問刊出後兩天，我代表公司出席完外間某場晚宴活動後乘港鐵回家，卻於金鐘站大堂碰上久未見面的王征先生。在彼此一番問好後，我

當然把握機會和王先生談到了有關的《財新網》的報道與風波，他馬上笑着回應我道：「放心，不會倒。想倒也倒不了。」這是直至現在為止，我和王先生的最後一次見面。

　　當時亞視持有為期 12 年的免費電視服務牌照，至 2015 年 11 月 30 日屆滿。在我於事後的了解和公開資料中得知，亞視的經理人曾於 2015 年 1 月 2 日向負責審批牌照的行政會議提出，將於 3 月 31 日前向政府提交亞視的具體改造建議。故此坊間亦傳聞行政長官和行政會議將於 4 月 1 日討論亞視續牌的決定。當時黃炳均先生與王征先生一方正洽談股權轉讓，大家的理解為有關轉讓將很快達成協議，讓新股東及新投資者為亞視帶來新的發展計劃與資金，令亞視可以重回正軌。惟至限期前因為各種的情況和原因，公司未能如期交上有關建議。

　　3 月 31 日下午 5 時 50 分，我正與藝員部同事在商談稍後活動的藝人出席安排。突然收到葉家寶先生秘書急電稱「有好大件事」需我立即放下一切馬上到葉先生辦公室協助，在我於亞視工作這些年的經驗告訴我，這將會是極大的事項，我致電着公關科的全體同事留守候命後往葉先生辦公室。甫進辦公室，葉先生着我立即將一個更新的訊息交予新聞部參考，以考慮是否需更新早前的訊息。在我與新聞部同事簡單溝通好有關的更新後，我亦立時離開新聞廠以免影響現場直播，在我關上新聞廠門的一刻，隨即已聽到我們那首熟悉的亞視新聞片前曲。而那個我需要立馬傳遞更新的內容，亦是大家在新聞中看到，有關亞視收到黃炳均先生的通知，決定將亞視股權轉讓予王維基先生的新聞。

我沒有時間消化這個震撼的消息，便馬上趕回葉先生的辦公室希望了解情況，以準備相信會鋪天蓋地而來的傳媒查詢。到達葉先生辦公室後，亞視新聞正報出有關消息，在這條新聞尚未讀完之際，桌上葉先生和我共四個手機隨即不停響起，是海量的傳媒及各界人士致電查詢。我向葉先生建議再用多一點點的時間消化及整理情況後，方作回覆，以免作出不適當的說法。而公司亦向傳媒發放新聞稿，引述亞視接獲股東黃炳均先生的通知，將其股權轉讓予王維基先生的香港電視。

相信這宗新聞的震撼性不言而喻。這裏我特別分享一點，雖然有關消息由黃炳均先生及王征先生確實告之公司，但當晚稍後我曾聯繫過一位與王維基先生十分相熟的人士嘗試了解情況，這位人士卻緊張的反問我事情是否真確以及我能否確認。他的反應和回覆，除了讓我驚訝之外，亦讓我深感不妙。

翌日發生了多件大事，包括港視否認有關交易、經理人德勤公布原股東與匯友資本達成協議等。直至下午行政會議就亞視的續牌申請開會討論時，我們仍對亞視的續牌抱有一絲希望。當天下午無綫即時新聞中刊出有消息指行會否決亞視續牌，我心頭當然感到一沉。約四時多我陪同葉家寶先生前往將軍澳接受壹傳媒訪問。我們車到沙田濾水廠時，收到公司同事的來電，當局已將否決續牌決定的文件送抵亞視。當下的難過是完全不能以筆墨形容，這些年我們都花了這麼多的心力去努力，希望讓亞視有重生的機會，可是最後卻換來如此的結果。即使現在回想起那一刻，亦教我心酸難過。

印象很深的一幕，是在完成訪問後我和葉先生在壹傳媒大堂略作休息，大家四目相投不知何言。然後正值下班時間，大樓員工魚貫下班經過大堂時都看着我們，有些和我們認識的記者過來為我們打氣安慰，而加上玻璃牆外天色已暗，那一刻對我來說，有着說不出的蒼涼感與悲傷。那時各家傳媒獲悉葉先生於壹傳媒接受訪問，便已蜂擁到門外，並致電我希望葉先生到門外回應續牌失敗的新聞。雖然失落，但我們還是要做好傳媒關係的工作到門外回應。

▲ 2015 年 4 月 2 日《明報》報道。

　　那晚完成工作後我在回家的路上想，以前很多消息人士對我說過，如果亞視續牌失敗，第二天就可以關門了，不用亦不會等一年。真正的事情發展會如何？亞視又將會走向哪方？

6. 新投資者

黃守東

▲ 2015 年「香港國際影視展」亞視展台宣傳活動。

　　在我於亞視工作的年代，亞視都有參與每年 3 月於會展舉行的「香港國際影視展」，有關展覽為全球影視行業的頂級活動，世界各地的影視投資者都雲集會場尋覓商機。亞視每年都於展場內設置展台，向來自世界各地的買家們推介我們的作品和尋求合作機會。在 2015 年由於公司遇上財政問題，曾經有聲音提出會否不參與該年的展覽以節省營運資金，公司經考慮後最後認為有關活動將是亞視尋求合作以為公司覓得資金的機會，是故當時我們仍參與了有關的展覽活動。

　　我與何子慧小姐首次認識見面，即在此次活動上。何小姐一直是亞視於美國的合作夥伴，多年來在《ATV 亞洲小姐競選》

美洲賽區及亞視美洲台的落地上均有合作，當時何小姐特意回港參與「香港國際影視展」尋覓商機，並獲悉亞視的情況後特別到亞視的展台了解及打氣支持。

我們的慣例是於每年「香港國際影視展」的亞視展台中安排藝人亮相出席，並邀傳媒報道以加強宣傳效果，而當年的情況亦不例外，在資金不足的情況下更需要推介影視合作以覓得商機和財源。2015 年 3 月 23 日在我完成以「新生活」為主題的亞視展台啟動活動的工作後，負責亞視參展事宜的時任亞視子公司亞洲電視企業有限公司總監馬熙先生向我介紹了何子慧小姐並作認識。

▲ 2015 年 6 月 13 日《明報》報道。

從當天的簡談我了解到何小姐對於亞視的影視作品有所興趣，並於內地及香港擁有人脈關係，可以邀請有興趣的朋友支持亞視，或屬贊助廣告、或屬購買影視作品、或屬注資購入股權。後來按我的認知是，何小姐向公司介紹了後來的亞視投資者司榮彬先生，司先生除了購入亞視影視作品以支持亞視外，亦開始與王征先生一方洽談購入股權事宜。

▲ 2015 年 6 月 12 日葉家寶先生帶領管理層團隊於員工盤菜宴上宣布新投資者投資亞視的消息。

　　在 4 月 1 日亞視續牌失敗後，我了解到司榮彬先生仍繼續有意投資亞視，有關與王征先生一方的洽談仍在繼續進行。在這數個月中，通過司榮彬先生出資購入亞視的影視作品版權，公司可以如期向員工發放薪金。雖然如此，但亞視上下的同事們當時的心情相比在續牌失敗前未能如期發薪的日子，是更為焦慮的。當時有相當的同事抱有一個想法，就是亞視續牌失敗後將失去它的價值，並會令新股東及投資者卻步。

　　至 6 月有關洽談漸見明朗。6 月 12 日我們舉辦了員工盆菜宴，葉家寶先生帶領管理層團隊於台上宣布，新投資者與黃炳均先生及王征先生一方已於 6 月 11 日達成協議。新投資者一方將會購入有關股權與債務，亞視將迎來期待已久的新投資者。這位新投資者，正是後來的亞視投資者司榮彬先生。

　　我與司榮彬先生是於 2015 年 7 月中首次見面認識。當時司先生以亞視新投資者的身分，由葉家寶先生、何子慧小姐及時

任營運總裁馬熙先生陪同下，與我及各位亞視的主管見面，以了解亞視的運作。

司先生曾對我多次提過，他對亞視亦擁有獨特的感情，於少年年代看過亞視的經典劇集《大俠霍元甲》後，覺得愛國原來是可以透過這樣的一種方式去表達，自此萌生了對於亞視的強烈情感。在香港營商以及投資的這些年間，他亦時刻關注亞視。當時司先生向我們提到，在 2009 年看到亞視出現問題的時候，已有注資並購入亞視股權的想法，惟後來因王征先生先一步成為亞視的投資者，而未能成事。司先生與何子慧小姐是多年朋友，何小姐在 3 月「香港國際影視展」了解到亞視的情況後向司先生介紹亞視的情況，司先生遂購入了亞視的影視作品，並開始有關購入股權的洽談。而在司先生資金的支持下，亞視在相關一段日子裏都能夠如期向員工們發薪。

當時外界及亞視上下都有着一個疑問，亞視在失卻免費電視服務牌照，並將於 2016 年 4 月 1 日結束免費電視廣播，那麼新投資者發展的計劃是如何？在司先生成為亞視投資者後，他提出了「三亞」的發展概念讓管理層團隊參考。「三亞」意指「亞洲電視」、「亞洲衛星電視」及「亞洲網絡電視」，即通過重新申請亞視免費電視服務牌照、以衛星發射的方法將亞視頻道帶往世界各地，以及以網絡電視及互聯網平台上提供亞視的電視服務。當時印象最深的是司先生及團隊非常緊張整體的發展計劃，幾乎每個周末、周日我們全體的管理層團隊都於公司作全天的研討會議，探求及設計有關「三亞」的具體發展計劃，以及當時亞視的改革計劃。

就當時亞視的情況與運作，司先生亦提出過一些改革的參考建議，包括台徽及頻道的更改。當時曾經設計過一款新的台徽，惟最後未有公開使用，有關的台徽設計大致上是一顆八角星的形象，象徵當時計劃中未來亞視的八條頻道，包括中文、財經及影視等頻道。

記得那時和傳媒朋友交流時，有不少的記者都問過我，新投資者是否懷有某種目的而來。在我所認知的情況是，司先生投資亞視是出於對亞視的一份感情、對亞視員工未能如期領薪的不忍，以及在商業角度上的投資考慮。在司先生作為亞視投資者的年代裏，與司先生的接觸中我了解到他一直努力與不同的商業伙伴合作，希望在股權未能完成轉換以及公司資金緊絀的情況下，為亞視開拓新的資金源供發薪。司先生對我表示過，他作為投資者以董事的身分，曾於董事會上提出過股東按比例注資、增資擴股以及變賣亞視資產等措施，致力為亞視謀求資金讓公司得以持續發展及供員工穩定發薪，可是各項有關的具建設性的建議均遭到否決。

7. 出入法院

黃守東

▲我曾常常出入法院應對有關亞視的官司。

在亞視工作期間我涉及過不少正統公關工作以外的工作，例如常常出入法院應對公司的官司。這相信是比較少公關人員能夠擁有的寶貴實戰經驗。

在亞視未能如期發薪的期間，出現了林林總總的法務問題需要解決，讓我要多次出入各級法院處理，包括有些員工離任後需要透過勞資審裁處裁決的支薪安排、未能如期申報及支付強積金的安排而導致法院判罪、關於公司股東的訴訟而到場了解、前執行董事葉家寶先生因公司欠薪而令個人被提控、向高等法院申請禁止臨時清盤人對亞視作出停播決定，以及我離任亞視崗位後投資者司榮彬先生因公司欠薪而令個人被提控的事。

當時亞視未有固定的公司律師處理法律事務，而且按理關於員工離任的安排應由時任的人事部主管處理，惟有關的同事缺乏相關的處理經驗，亦怯於法院的威嚴未敢代表公司出庭應對，故此有關工作落在我的身上。當時有不少的同事奇怪為何有關人事的工作需由我來處理，我卻認為亦無不妥，因為關於公司的勞資事宜的公開聆訊必定會讓傳媒關注及到場採訪，而且在我的角度而言這亦是學習的一種，這些法務工作讓我更了解相關的法律程序及知識，亦練就了思維的邏輯與層次，這些寶貴的實戰經驗讓我獲益良多。在我的工作概念中，我認為公司的工作始終需要有人去做，而且亞視危機當前，有心為公司而留守的同事根本不應再抱有部門及門派之見，而是同心協力解決問題。

在我的記憶中，我因有關工作而到過的各級法院包括勞資審裁處、沙田裁判法院、觀塘裁判法院、區域法院以及高等法院。有數次出入法院的工作，讓我有很深的感受。

第一次是於 2015 年 11 月 2 日到觀塘裁判法院處理公司違反強積金條例的事宜。我在開庭前一天接到此任務後，馬上向當次官司的顧問律師了解情況及意見。由於公司於該次官司中缺乏理據並已決定認罪，故此律師回覆我指，只需我到法院向法官表示「我認罪」及處理相關手續便可。在我的認知中卻不是如此認為。我理解公司已對有關案件的取向作出了決定，而有關的案情亦沒有抗辯的理據和意義，只作程序向法官承認對於公司的控罪而作後續處理便可。

可是我作為員工執行工作代表公司出席，我是「何罪之有」？在我的邏輯理解中，有關的控罪並不針對我個人，而且我代表的是公司，故此我只會亦只能向法官表達「我代表公司認罪」的訊息。我認為，這是我作為員工一次工作程序的執行，而非我於法院上以我個人的名義在法律面前承認控罪。雖然只差「代表」二字，但這是邏輯意義上的絕大不同。那次工作我需在法官面前代表公司承認控罪，雖然我沒有對同行的同事和庭外守候的傳媒表達，但我的內心其實是十分撼動。

第二次是處理有關葉家寶先生因公司欠薪的事宜而面對提控。在有關審訊長達近一年的過程中，可能大家在鏡頭前見過不少我陪同葉先生到庭的片段，後來更曾經有另一位管理層質疑我於此事上的身分與角色。這裏和大家分享一下我的理解和想法。在實際職級上，當時葉先生是我的直屬上司，亦是亞視公關的最高主管和行政架構上的最高主管；在情感上，葉先生是當時亞視行政上的靈魂人物，亦是我和許多「亞視人」的一位好前輩。

葉先生是因為於出任公司職位的時間，因公司欠薪而惹上官非，所以即使有關提控是對葉先生個人，但亦是因公而成。而且葉先生為當時亞視行政的最高主管，亦是公司指定我本人的直屬上司，他往法院應訊的事宜亦是公司形象管理的工作。當時亞視雖有新投資者，然而公司的一舉一動仍深受傳媒關注，每次葉先生到庭亦會有大批傳媒到庭採訪，而且亦時有記者致電我了解事情的來龍去脈，所以我必須對有關情況作全盤的了解，以應付傳媒的查詢，這亦是關乎公司傳媒關係管理的工作。

所以按我一直的公關專業認知和邏輯判斷而言，葉先生因公司欠薪而往法院應訊的事情，是公司的事而非他個人的事，而且當中亦有眾多涉及公司公關層面的事情需要處理，所以我居中協助是履行我的工作職務。

葉先生的案件當時全城轟動，許多朋友及名人們更紛紛主動聯絡葉先生和我，希望能夠看看有何途徑作出協助，又或是如何到庭表達支持。我亦曾經協助收集葉先生的朋友們撰寫的求情信，以及協助聯繫他的朋友們到庭支持。各界朋友支持葉先生的動作，亦在傳媒鏡頭下營造了一種良好的形象。

除了亞視公關及宣傳科主管的身分外，我還是亞視數百名員工其中之一。當時公司內部的同事們對於葉先生因公而令個人惹上官非非常同情，而且亦深深感受到葉先生希望帶領亞視和員工走出危機的那份情感，所以亦十分希望能作出一些具體的動作表達對葉先生的支持。

我作為員工之一當然亦有同感，是故在葉先生的案件進入正式審訊時，我以一名普通員工的身分，發起了一封發予社會各界的聯署公開信，邀請同事們一同聯署，將我們支持葉先生的想法書之以紙，並將有關的力量凝聚起來向公眾表達。在案件進入求情階段時，同事們亦同樣對葉先生罪成的判決感到十分失望，所以我亦以一名普通員工的身分，發起了一封聯署求情信，代表着同事們認為葉先生於此事上已盡心盡力的意願，向法官就葉先生的判罰衡量作出求情。而兩封信件都分別獲得約 300 位同事們的聯署，代表葉先生於為員工發薪一事上所作

出的努力，都得到同事們的認同和支持。

雖然法院的判決是根據相關的法例與法律觀點，但我作為葉先生的下屬以及亞視的公關，是於近距離下觀看整件事情，在我所見到的實情是葉先生已為事情奉上了全部的心神和一切的努力，所以有關的判決亦是教我個人非常失望和難過的。

在 2016 年 4 月 1 日我離開亞視後，其時新投資者司榮彬先生亦曾因為出任亞視董事期間，公司未能發薪而令個人被提控。雖然我於亞視已無崗位，但是在我與司先生的認識相交中，我亦完全感受到司先生對亞視以及亞視員工的那份熱愛之情。我所認知的實情是，司先生是一位盡心盡力拯救亞視的投資者，同時亦克盡其所有努力，安排資金予亞視發薪。作為投資者，司先生向亞視提供資金、購買亞視版權、提出多個與外間機構合作的商業計劃；作為董事，司先生於董事會上提醒股東有責任按比例注資、提出增資擴股方案，以及建議變賣資產套現等。我的理解是，司先生一直努力於多方面以具建設性的辦法，為亞視提供及籌集資金，供員工發薪之用，這份努力無論在亞視免費電視廣播期間，以至在完成免費電視廣播後都一直存在，只是許多的情況根本不足為外人道。

那時我擁有協助葉家寶先生處理案件的經驗，最重要的是我認為協助有關應訊的工作，亦是我作為「亞視人」應有之義和對於亞視的一份心意，或許說那是我尚未完成的任務可能比較貼近我的想法。加上傳媒仍時刻聯繫我希望了解有關案件情況，作為大家的好朋友及「亞視暖男」，我當然希望能夠盡量

協助，所以亦需要對案件作全盤的了解。再者在我的眼中，司先生對亞視作出了相當的支持，可是卻換來惹上官非的情況，我的參與協助，亦是我對司先生的一份支持。

我另一很深刻需要出入法院的工作，便是於 2016 年 2、3 月之交，多次到庭處理與亞視停播有關的法務工作。這裏於後面的篇章中再與大家分享。

8. 危機再現

黃守東

▲ 2016 年 1 月亞視最後一次以免費電視台身分參與「港、九區百萬行」活動。

　　2015 年下半年亞視有過一段相對穩定的時期，各項的計劃包括「三亞」的發展籌備以及重新申請免費電視服務牌照的工作都陸續進行中，公司亦加入了由山東省而來的製作團隊，籌備不少新節目。那時候的亞視，有着大展拳腳在即的勢頭。

　　然而於 12 月公司再度出現危機，首先是 12 月 2 日葉家寶先生因公司欠薪的案件被法院判罰 15 萬元，而至 12 月 7 日法定限期內公司仍未能向全體員工發放 11 月份薪金。葉先生無法再留任執行董事的職務來面對嚴重的法律責任，故在別無選擇下辭任執行董事的職位。這對亞視的士氣造成了相當的打擊。

葉先生作為亞視的執行董事，於亞視開台以來最困難的時期帶領員工走過「迎難而上」的危機，此時的離任讓同事們感覺失去精神之柱，當然我相信同事們都會理解葉先生的決定。在葉先生離任後，我的日常工作便轉向時任營運總裁馬熙先生報告。

在這段期間另有一事可以分享，12 月中「毛記電視」曾經聯繫我，表示希望將他們於 2016 年 1 月 11 日舉行的大型節目《毛記電視第一屆十大勁曲金曲分獎典禮》安排於亞視頻道內播放。由於有關安排涉及電視廣播時段以及廣告收入等安排，故此我將此事向管理層報告及由另外的同事跟進。至後來我的了解是公司未能與對方達成合作共識。

2016 年 1 月 10 日是公益金港、九區百萬行活動，亞視每年都獲大會邀請參加傳媒隊起步禮。每年亞視和友台無綫同場的情況，總會成為傳媒朋友報道的焦點，那年亞視是最後一次以免費電視台的身分出席活動，我預計有關公司的情況和未來發展的計劃將為傳媒所追問。在與管理層溝通後，我們於當天需向傳媒發放兩個訊息，包括是歡迎各界專業及有能之士加入亞視管理層崗位，以及公司將會全力籌辦尚未舉行的《ATV 2015 亞洲小姐競選》總決賽。由此時起亞視是否於免費電視服務結束前舉辦亞姐總決賽，一直成為傳媒跟進的話題。

踏入 2016 年，不論投資者、管理層都一直努力透過不同的途徑為公司開拓資金源，以讓公司可以穩定向員工發薪，惟可惜各方面的情況都未如理想。當時情況是年關在即，同事們都關注有關公司發薪的時間及安排，而且新聞部因人手的不斷流

失，有可能未能維持新聞報道以符合相關的廣播條例。

2016年亞視繼續廣播的這三個月，我對於我遇上的事情可以用「峰迴路轉」來形容，這段時間有許許多多的變動及突發情況發生。有些情況看似絕望在即，卻又柳暗花明又一村，讓我忙於消化了解和應對處理，這亦是教我畢生難忘的一段歲月。

而在公關層面上有一現象，就是關於亞視的謠言滿天飛。有關的謠言亦相當具有創意，例如亞視有300人辭職、明天停播及後天清盤、網上又出現亞視畫面的改圖指亞視將於今晚停播等等，最教我奇怪的是有傳媒向我查詢，指他們收到一份已提出辭職的管理層及部門主管名單，當中包括時任多位管理層團隊成員，更包括我自己的名字在列，並向我求證真偽。這當然是憑空捏造，亦不禁讓我失笑。當時每當出現有關的謠言，我都會馬上向有關消息涉及的部門主管及相關人員了解情況，並向管理層確實了解實際形勢，再作出回應及闢謠的建議讓管理層決定，最後方由我向傳媒回應。

記得當時有記者向我笑言，請我千萬別要離開亞視，如果連我亦離任，傳媒將無法查詢及了解亞視的實際情況。而當時我亦向大家保證過，除非有我不能承擔的法律責任和公司主動解僱我，否則以我對亞視的感情與熱愛，無論亞視出現任何危機，我當時都不會離任亞視公關及公司發言人的崗位。

2016年2月8日是該年的大年初一，由於同事們非常緊張年關前的發薪情況及安排，也出現很大的不滿情緒，所以公司

▲我於危機期間接受傳媒訪問。

決定於 2 月 3 日召開員工大會向同事們講述目前的困難及情況。該次大會的內容相信大家也在新聞報道中看過不少，這裏我和大家分享一下，我於此事上的理解和認知。在大會前我的理解是由馬熙先生主持有關的大會，當天早上的管理層會議後我回到辦公室處理一件當時十分緊急的工作，卻突然收到同事電話指員工大會已經開始，氣氛緊張。我馬上放下有關工作到四樓的八號錄影廠察看大會情況，當我剛到達八廠了解情況時，保安部的同事卻到場告知有緊急情況需我協助處理。

有關情況是正於電梯中往八廠出席大會的馬熙先生因電梯故障而被困，而且大門外已有傳媒到場守候大會的消息，消防到場處理可能會惹來傳媒猜測。我的認知是救人是第一重要排序，故此必須先行。記得當時有傳言指馬先生困於電梯的說法並非屬實，而是不欲出席大會云云。這裏我肯定這個說法是不成立的，因為在消防人員於大樓三樓位置打開電梯門後，正是由我本人將馬先生由電梯中帶出的。而在馬先生脫困後上午的

大會已告結束，其後馬先生亦主持了下午的大會，馬先生當時提出了盡力爭取於 2 月 5 日農曆新年前發薪的說法，略緩了當時的情況。

在後來我與何子慧小姐的相處及合作中，我理解到當時何小姐對亞視的情況一直十分緊張，亦很希望亞視可以跨過當時的危機，並希望同事們可以對公司及新投資者作出支持。我認識的何小姐是一位於美國社會成長及生活的華人，說話及處事作風帶有一點外國人「直腸直肚」的風格。在我後來的個人理解是，導致當天大會上的情況，可能是與彼此之間始終存有文化背景的不同、對於形勢判斷的理解有所差異，以及在言語意思上的表達出現了誤會有關。如果抽離當天我作為員工的身分去綜觀形勢，我明白雙方於當時的難處，而且人總會有情緒，彼此之間的言語來往亦影響了雙方的思緒，才出現了有關的不愉快情況。在我後來與何小姐的相處中，我認識的她亦是一位會關顧別人的人。

至 2 月 5 日公司仍不斷努力尋求覓得資金發薪，我的認知是當時公司正與一家機構商談合作至最後階段，如果成事將可解決發薪的事情，而公司亦已作好了資金到達後立時發薪的準備。惟有關合作至下午卻告未能達成共識，至此時同事們的情緒比較波動，並曾到馬先生的辦公室外希望面見馬先生了解，我對此亦感到理解。由於這次危機中的幾方持份者，包括同事們和傳媒都急欲知道事情的最新進展，亞視的大門外亦有大批傳媒守候，故馬先生向同事們發出一封信件作出情況更新交代，而同時我卻收到馬先生準備辭任的消息。按當時大家的共識及

安排，馬先生將向傳媒交代發薪情況的更新，而稍後則由我告知傳媒馬先生離職的事宜，這亦是後來大家於新聞報道中見到的情況。

可是當天震撼性的新聞並不止於此，王征先生於當晚稍後向傳媒發出聲明表示，已於當天向高等法院申請亞視清盤。

9. 提前停播風波
黃守東

▲ 2016 年 2 月 29 日晚上我於高等法院外向傳媒講述亞視最新狀況。

　　2 月 24 日高等法院就王征先生對亞視的清盤申請，頒令德勤會計師事務所成為亞視的臨時清盤人。其時我們部分同事持有一個想法，就是在新投資者投資亞視的情況下，亞視如果能夠度過今次的危機，將有機會實現早前定下的一些發展計劃，為亞視迎來新局面，所以其時我們超過 160 多位同事，亦曾遞交一封聯署信予法官，表達反對頒令臨時清盤的意願。這個亦是我的想法和當時行為的最大目的，我於當中所作的一切，都是希望能於危局中盡我所能，讓亞視能有一線生機，延續保存。

　　2 月 26 日坊間流傳消息指亞視將裁減 99% 員工，傳媒亦向我查證消息真偽，我只能說至當天我亦沒有在任何途徑聽過有

關的說法。2月29日是真正「驚心動魄」的一天。早上我得到消息指臨時清盤人將於當天舉行員工大會解散亞視的員工，由於解散員工意味亞視將會停播，當時同事們對於有關消息亦感到震驚。何子慧小姐與我們管理層會議後，決定代表投資者一方聯同我們眾管理層代表到高等法院尋求法律途徑阻止有關局面的發生。這往後數次出入法院涉及雙方「大鬥法」的工作，亦是我前文提及最難忘的涉及法務的工作之一。

經過法院對情況作出數小時的了解後，何小姐於晚上在法院向我表示，獲悉法院已發出指示並將於翌日下午三時開庭處理有關事宜，開庭前各方將不能有所行動。我當時的理解是有關解散員工及停播的情況，最少於翌日下午三時前不會發生。其時大批傳媒守候法院請我盡快對情況作出回應，惟我深明有關局勢嚴峻，故當時堅持必須待法院人員將有關文件提供予我過目後，在我確定一切情況之後，方能對傳媒作出回應。

當晚我於法院外的回應，其實亦是我個人的心聲，我覺得每一位愛護亞視的「亞視人」都希望亞視能夠維持廣播至4月1日完成免費電視牌照服務期及社會賦予亞視的責任。我亦相信，這是我們這個時代，賦予這一代每一位「亞視人」的天職。

法院對有關情況作兩天的開庭處理，記得當時我於庭上亦以員工的身分向法官表示，亞視當時已到生死一刻，並希望亞視可以繼續播放至4月1日，履行社會賦予亞視的責任，以符合社會、市民和觀眾的利益，而且亞視將會堅持服務市民至最後一秒。當時我亦理解有關方面看待局面，將會以公司資金的

明報新聞網

港聞

2016年3月3日 星期四

【短片：亞視清盤案】黃守東稱司榮彬答應投資千萬 引《大俠霍元甲》歌詞：豈讓國土再遭踐踏 (16:17)

亞視發言人黃守東在大埔總台外見記者，他稱，投資者司榮彬的代表與臨時清盤人懇動正致亞視未來營運方案協商，希望達成共識，推行亞視廣播。他稱，亞視管理層團隊已準備方案，以令亞視可於4月1牌照到期前進行廣播。方案涉及營運資金達1000萬港元，司榮彬已答應集僅投入該筆資金。

他引述司榮彬稱，沒有其他人比自己及亞視員工更愛護亞視，更希望維持廣播到4月1日，亦是最符合社會大眾各方面的利益。

黃守東表示，每個愛護亞視的人，都不希望亞視仍然有廣播能力情況下，遭扼殺及滅亡。「亞清電視是我地亞視人的家，亦是我地亞視人的國土」，並引用關的電視劇集《大俠霍元甲》歌詞「豈讓國土再遭踐踏，個個負起使命」形容自己的心情。

▲ 2016年3月3日《明報》報道。

實際情況作前提，惟在公關的層面上，我亦希望能夠動之以情，亦帶出亞視和同事們在危局中堅持服務的想法，讓外間能夠以情理兼備的角度，綜合判斷投資者與我們同事們當時的行為。法院最後認為需將當時亞視的情況交回投資者及臨時清盤人等各方持份者商討，待有共識及協議後可再回法院繼續跟進。

在我的角度而言，我希望當時司榮彬先生一方可以與臨時清盤人達成共識，讓亞視得以延續。當時在個人的情感上，我感到有一點家國將亡的悲傷感，卻亦強烈地感受到我當時的身分角色對於協助挽救危局的使命感，而且我亦不忍亞視提前結束其廣播。是故在離開法院及與司先生見面而回到亞視後，我對傳媒除了表達司先生將投入資金支持亞視營運外，亦點出了我的想法。當時我提到每個愛護亞視的人，都不希望亞視在仍然有廣播能力情況下，遭到扼殺及滅亡。我認為亞視是「亞視人」的家，亦是「亞視人」的國土，並引用我們的經典劇集《大俠霍元甲》的歌詞「豈讓國土再遭踐踏，個個負起使命」形容自己當下的心情。

主編推介

德勤解僱亞視員工 法院今聆訊

聆訊前不得停播或遣散

【明報專訊】亞洲電視早前被主要債權人王征申請臨時清盤，法庭委任的臨時清盤人德勤會計師事務所昨午突召開員工大會，並向員工派「大信封」終止僱傭合約，有員工引述德勤指亞視只剩下20萬元，並要停播亞視；但部分亞視高級管理層即到高等法院申請指示，冀亞視可維持運作至「釘牌」。法院今午3時會召開緊急聆訊，要求臨時清盤人出席，並指示在聆訊前亞視不得停播或遣散員工。

員工引述清盤人：亞視只剩20萬

昨日的員工大會，清盤人主要是即時解僱員工，並準備點算亞視資產。據本報從員工獲得的解僱信，內容指亞視視時資不抵債（insolvent financial position），需即時解僱員工，相關員工昨起不得再進入亞視在港及廣州的公司。被解僱的亞視藝員徐丁會後引述德勤代表在會上稱，亞視只剩下20萬元，「完全做唔落去」，今日將停播。據悉僅少數人事部職員會再獲聘任。

據悉，臨時清盤人的清盤計劃下，認為亞視手上僅餘的片庫、新聞片段、劇集、節目版權及發射設施等資產仍然有價，若全數出售可得數億元，尚可全數清還員工欠薪，但股東及債主則難取回分文。

亞視發言人：我哋今晚永恒

德勤華南區主管合伙人黎嘉恩昨午於亞視員工大會後離開亞視，被傳媒問及是否已解僱所有員工時點頭稱「是」，並說稍後會開記者會交代。德勤其後發新聞稿表示昨晚7時開記者會，交代亞視臨時清盤最新情況。但在亞視員工大會的同時，有亞視員工以署名「一眾愛護亞洲電視的員工」去信審理亞視清盤案的高等法院法官，稱盼亞視維持廣播及運作至4月1日，以履行亞視歷史使命及維護最大的社會及市民利益。

據了解，高院昨午曾就亞視清盤案作非公開聆訊，亞視公關及宣傳科高級經理黃守東、股東代表何子慧及亞視各部門主管共11人下午4時即現身高等法院，向處理聆訊的法官夏利士的書記遞信。昨晚約7時，書記將法庭文件交予亞視代表，黃守東隨即向在庭外記者笑稱：「我哋今晚永恒」。

黃守東其後表示收到亞視新投資者司榮彬法律代表通知，亞視清盤案今午3時舉行指示聆訊，根據法庭文件，臨時清盤人不可在今午聆訊前停止亞視廣播或遣散員工。而德勤昨晚6時半突宣布取消7時的記招，至昨晚發聲明稱因獲高院通知今日臨時召開清盤聆訊，故取消記招。

通訊局：無收到停播通知

通訊局及商務及經濟發展局回覆本報查詢稱，無收到亞視臨時清盤人發出的任何書面或正式通知，表示會停播。商經局強調亞視有責任在餘下牌照期內，遵守法例和牌照條件規定提供服務，若不能經營下去，理應向行會提出申請提早交還牌照。

中大會計學院高級講師李兆波估計，亞視清盤需至少一年，因涉及變賣資產等程序，評估亞視資產價值如影片庫，會令過程更繁複。他指一般會先支付政府破產管理處及清盤人費用，依次再支付牌照費、有抵押債權人、員工及股東等。新投資者司榮彬早前曾向本報承認亞視欠債達20億元，李兆波則稱充當清盤人費用高昂，一日可高達數萬至十萬不等，料亞視員工在此情況下較難追討欠薪及補償，要申請破欠基金。

亞視發言人黃守東昨稱已正式獲得法院指示，指臨時清盤人德勤不可在今午聆訊前停止亞視的廣播或遣散亞視員工，並在庭外向記者笑稱：「我哋今晚永恒」。（鍾林枝攝）

新投資者司榮彬表示已準備一筆現金給亞視，但新注資只會用作出糧，「不能給他們（德勤）」，但他沒有透露注資額，只向本報傳來一張有多疊1000元現鈔的圖片，稱是「公司財務準備的亞視運營資金（包括堅守崗位員工的）」。（司榮彬提供）

▲2016年3月1日《明報》報道。

當天下午我一直與何子慧小姐保持溝通了解有關與臨時清盤人商討的情況，並獲悉有關商討一直在進行中。在經歷過這數天看似停播在即，卻又柳暗花明又一村，於法院上贏回漂亮一仗，並換來機會讓投資者與臨時清盤人溝通協議亞視繼續營運的方案。當時大家亦普遍認為雙方將能達成協議讓亞視廣播至4月1日。惟卻又出現始料不及的情況，及至晚上我透過電視新聞看到臨時清盤人突然召開記者會，指與投資者一方未能達成共識，並將於翌日作出遣散員工及停播的決定。我當時大感不解，並與何小姐聯繫了解情況，我得到的回應是投資者與臨時清盤人的商討出現了一些情況，包括在多方面只給予投資者一、兩小時的時間作準備，然而司先生卻未有放棄拯救，仍在盡最後的努力避免提早停播的情況出現。

3月4日多份報章頭版刊登亞視將於當天停播的新聞，並又刊出多條回顧亞視歷史的新聞和問及各方對於停播的回應，然而當天的情況卻又出現意料不及的變化。上午何小姐聯同我

們的管理層及部門主管團隊召開了記者會，並展現一箱五百萬港元的現金以及由司先生簽署的五百萬港元支票，表示已備好資金支持亞視營運至 4 月 1 日。這一幕相信大家必定有所印象。

我分享一下個人於此事上的理解。當時投資者方面與臨時清盤人之間就形勢各有表述，惟不能達成共識的重點為未能保證亞視能有足夠營運至 4 月 1 日的資金。在早上我了解到記者會上將展示現金的安排時，曾提出過一些建議，而投資者一方的想法是由於已準備好現金馬上供同事發薪用，故此希望於記者會上展示，以澄清當時有指投資者不作注資的不當說法，同時亦可證明投資者為讓亞視繼續廣播的決心。而以現金的方式發放薪金，是由於在當時時間緊逼的情況下，這是最直接的方法。

另外當時亦有人質疑，該箱現金是否混有其他面值的鈔票和現金的實際去向。這裏我可以肯定一點的是，該箱現金於其後由投資者代表安排作重新聘用的 160 位同事的發薪之用。至於有其他面值的鈔票，則是由於用作發薪的數字不可能全以 1,000 元作結，是故遂安排有其他面值的現金，方便向同事作發薪之用。

在當天的稍後時間，司榮彬先生一方終與臨時清盤人達成共識，讓亞視繼續廣播至 4 月 1 日，並於翌日安排重新聘用 160 位同事作維持必要運作。至此，由 2 月底開始的提早停播風波，遂暫告一段落。

在這段期間中，我真正有較多的機會與司先生直接溝通。在我看到的局面中，如我置身代入到司先生的位置中去想，亦會感受到當時局勢的極端艱難，而司先生仍願意在當時繼續投資予亞視，為着讓其免費電視廣播不致提早結束，這點是讓我無可置疑地感受到他對亞視的感情。我於這段時間亦多次到司先生於金鐘下榻的酒店溝通及了解情況，而我與現在「新亞視」的投資者鄧俊杰先生，即於當時其中一次與司先生的會面中，首次見面認識。

10. 亞視暖男

黃守東

▲ 2016 年 2 月 7 日出席《城市論壇》節目。

　　在這段亞視危機的日子裏，由於我在危機中堅持留於亞視作前線應對，亦時刻主動回應傳媒的查詢，以及私人「掏荷包」為於亞視大門外採訪的記者們送上茶點等，被傳媒冠以「亞視暖男」和「暖男公關」的稱號，讓我愧不敢當之餘，這裏也分享我的想法。

　　那段亞視危機的日子裏，許多的朋友都有問過我一些問題，例如：「你這份工作壓力這麼大，又不能如期發薪，為何不離開亞視另覓工作？」和「以你的年紀外間有不少的機會，為何尚在亞視留守？」等等，環顧問題重點都是關於我為何仍留於亞視。

的確，自從亞視續牌失敗後，外間有不少的機會曾經向我招手，但我卻未有考慮。我自小是一個「亞視迷」，對亞視有着深厚的感情。畢業後有機會到亞視工作，對我而言是一件十分奇妙而美好的事。在危機的日子裏，其實我並不感到有工作上的壓力，我把亞視當成我的「家」，「家」中有事我自然應當去承擔處理，我亦希望能夠為這個「家」走出危機而出力，這是我每天都持有的一份獨特的使命感。

　　而且在我的認知中，我在亞視工作的這段日子裏，亞視是完完全全的栽培了我這個年輕人，她對我有的是一份栽培的恩情。我一直持有一個道義觀，就是別人曾經給過我機會的話，在別人有危難的時候我必須要幫忙，更何況那是栽培了我的亞視？在公關的層面上，企業有危機的時候是特別需要公關的，亞視在一個這麼需要我的時候，我斷不能因為自己的考慮而捨她而去，而是更應留下來為她排憂解難處理危機，報答亞視對我的栽培之恩，這才符合我立身處世的道義觀。

　　在我的角度中，處理危機不但不可怕，而是對公關人員的絕佳挑戰。我覺得能夠有機會處理亞視的危機，是一次難能可貴的經歷。我的想法是，這些的實戰的歷練對我個人而言，比薪金還更加重要。而且其時我管理的公關及宣傳科，尚有五位同事在任，作為大家的直屬上司，我認為我有責任於危機中照顧好大家的工作。另一個我考慮的原因是，我和傳媒們都是合作多年的要好工作夥伴，作為公司發言人的我如果於此時離開，勢必會影響傳媒查詢及跟進了解亞視的工作，這又教我於心何忍？

當時關於亞視危機的消息不斷，各大傳媒每日不論晴雨均於亞視大門前「派駐重兵」，為求獲知亞視的最新情況。在擔任亞視公關的日子裏，我和許多的記者們都成了工作以外的好朋友，有些即便未稱上好朋友的，也是工作夥伴，多年來大家也合作愉快，所以其時前來採訪的記者們都是相識已久。

記得當時情況每天都有不同的更新與發展，作為公司發言人我需要時刻掌握不同的情況和所有的形勢來應付傳媒的查詢。而在我公關專業上的認知，當時亞視作為服務社會的持牌廣播機構，在廣受各界關注的情況下，亦有社會責任向傳媒及公眾通報公司的最新情況，所以快速回覆及照顧傳媒，是我作為亞視公關應當的工作責任。在情感的層面，我都把記者們當成好朋友。朋友到家門採訪，一等便半天一天，於大門為大家提供方便採訪的帳蓬座椅，和我私人購買予記者們的簡單茶點汽水等，既是我認為對待朋友的應作之義，也是我個人對於朋友們關心亞視的點點心意。

記得於深諳傳媒關係操作的葉家寶先生離任後，曾有人質問我作如此舉動，是否「引啲記者嚟採訪負面新聞」，對此我亦當然據理力爭，亦解釋了實際的情況，以及傳媒機構派員採訪的運作，當然亦解釋了我不能、亦不會故意引來記者作負面報道，我所作的一切亦是為了公司的形象和希望爭取正面報道。如果連禮貌對待傳媒都未能做到，那我如何能履行作為公關的工作責任呢？最後經我的解釋和溝通協調後，於大門外提供予傳媒的帳蓬及座椅安排得以維持。

▲我於危機中接受傳媒訪問。

　　其實不只我對記者們曾經照顧，在複雜多變的危機時刻，晚上回家以後往往都收到記者朋友傳來訊息，他們並非查詢公司事務，而是一聲的問候和鼓勵我勇敢加油，更有記者試過送我糖水、朱古力及西餅卡為我打氣。我可以這樣理解，記者們天天跟進亞視的情況進展，又和我天天見面查詢及溝通，他們應是當時其中一些最明白我處境的朋友。點點的小禮物對我而言卻是物輕情意重，在困難的日子裏收到記者們的問候鼓勵，往往讓我感到無比的窩心。

　　在多次回應傳媒的查詢中，除了於 2016 年 3 月初提早停播風波的經歷讓我難忘外，2016 年農曆年前我曾到《城市論壇》向公眾解釋當時的情況，亦讓我有許多的感受。

記得當年 2 月 6 日上午我向時任新聞及公共事務部副總裁陳興昌先生及時任新聞及公共事務部總監黃文傑先生了解新聞部實際的情況後，向傳媒通報了公司在評估過客觀的形勢後因新聞部在人手及客觀條件上未能應付，故在別無選擇的情況下，公司需要暫停各節新聞報道的決定。

而翌日年廿九我作為公司代表出席了港台的《城市論壇》節目，節目製作組早前透過我邀請馬熙先生出席節目，讓公眾了解亞視的最新情況。製作組於亞視情況有變後，多次聯繫我希望我能代表亞視出席節目。當時我的分析為公司未能於農曆年前發薪，在公關上處於負面的境況，加上形勢危急，公司代表於鏡頭下的言論將會被放大，在公關效果上孰好孰壞尚未可知。

在仔細考慮後，我得出的想法是，我是一個對亞視這個「家」有着深厚感情的「亞視人」，亞視作為一家擁有多年歷史的電視台，外間的「英雄帖」派至門前，我們是否連敢於應接的氣量都沒有？危機中的亞視是否真的沒人如此，連接戰者也沒有？我認為在亞視有危機的時候，憑我對亞視這個「家」的熱愛與亞視對我的栽培，我認為我對於為亞視在危局下上陣，是有着義不容辭的責任的。

其次我亦考慮到，如果亞視於這個形勢下未有代表出席如此廣受關注的節目，在其他出席嘉賓對於一些事實的描述出現謬誤或評論有欠公允的時候，如果未有公司代表糾正及作出合理回應，對公司亦會造成不良的影響，故此我作為亞視公關對

此亦有絕對的工作責任。另外，讓我十分氣憤不平的是，當時外間有聲音指亞視的員工是「奴隸」，如此對於兄弟姊妹們的羞辱性失當言論，我亦需要一個平台去作平反。是故我決定出席《城市論壇》的節目，而且還作了相當的準備來迎接各方的挑戰。

我於節目中提出了數個觀點，包括「公司發展雖然很重要，但員工於過年前獲得薪金更重要」。這是由於外間一些評論以為公司不為員工設想發薪，但事實是無論投資者或管理層都在盡一切的努力去解決發薪，公司是完全知道發放薪金予員工過年的重要性，亦一直在此事上努力。另一點是「如對亞視因未能符合廣播條例而作出罰款，是否與員工『爭出糧錢』，以及對當時於困境中仍然堅持廣播盡最大努力服務市民的亞視有何意義」。

當時亞視的財政十分緊張，公司和同事們也盡全力履行維持廣播的社會責任，惟如果一些我們盡力後仍未能掌控的情況，例如實際人手不足以應付新聞報道等，招來有關方面作出巨額罰款，對亞視而言將會是極沉重的負擔。為着希望有機會減省公司財政壓力的目標下，我嘗試提出有關的觀點。在邏輯上我當然理解有關部門是按既定的規條辦事，犯例受罰亦屬無可非議，然而在危急的情況下，我還是希望有機會藉有關的觀點，讓有關方面及公眾按亞視當時的實際情況，作出情理兼備的考慮。

另外，我亦特別藉節目的平台感謝同事們一直以來於危局

下，仍然履行專業堅持廣播服務市民，並讓公眾關注亞視的情況。

記得當時亦有說法指亞視新聞已經「大結局」，我對此亦已作出過否認，而事實是其後資源到位時，亞視新聞亦於 2 月 20 日恢復播出。

除了較為嚴肅正規的訪問外，另外一次於亞視免費電視服務停播後，接受網上雜誌《Refine》

明報新聞網

港聞　　　　　【短片：亞視清盤案】黃守東派西餅可樂慰勞記者：辛苦晒 (20:0 ▸
2016年3月3日 星期四　　　　　　　◀ 上一篇　　下一篇 ▶

【短片：亞視清盤案】黃守東派西餅可樂慰勞記者：辛苦晒 (20:04)

亞視前途不定。今日傍晚大埔總台外大批傳媒駐守。亞視發言人黃守東在下午的5時半乘坐貨車，離開亞視總台，至晚上7時回程。

他手持3盒西餅及兩盒12罐裝的可樂，放於大門里里單的桌面，並稱「挖讚先出去食飯，大家辛苦啦，我買啲嘢畀大家」，他放好物品後隨即走進大樓，並稱「辛苦晒」。

▲ 2016 年 3 月 3 日《明報》報道。

的訪問，亦教我十分難忘。這次訪問除了讓我換上從未試過的衣裝造型外，主題是讓我對亞視寫一封情書。在記者邀請我作訪問時，他們指看過我於其他傳媒的專訪後，覺得一般形式的訪問我都已做過多次，而他們覺得我對亞視的感情，儼如對於戀人的愛一樣，故此他們希望我於訪問中寫上一封對亞視的情書，用另一方式表達對於亞視的感情。

記得記者初時向我解釋有關訪問主題時，還怕我不肯答應有關的訪問方式。其實任何訪問我都可以做，但如果是對亞視會造成傷害又或中傷亞視的事情，我無論過往、現在和未來，都一定不會做。

在我二話不說應允後，更加感覺到記者們的看法有點一語中的，以下是當天我於《Refine》訪問中寫給亞視的情書：

「我最親愛的亞洲電視：

『還記得那一天，在那一天……』

還記得 2009 年 7 月 6 日那一天嗎？那是我們經過一年多實習期及兼職期相處之後，正式決定走在一起了。

我永遠也會記得，跟妳一起的這天，大埔的天空有多藍、大閘旁的桔樹有多翠綠、妳給我的感覺是多麼的奇妙、我又是如何渴望跟妳一同勇闖我人生的新一頁，迎接社會給我的挑戰。這一切，有如昨天。

和妳一起的日子，妳教曉我多少做人做事的道理、妳給了我多少機會發揮自己，我都一一記得，我在妳那親切的懷裏，由青澀的少年，慢慢變成妳在免費電視牌照服務期內，最後一個為保護妳而上陣征戰殺敵的大將。

這些年妳也有不少的難關，也有不少人取笑於妳，想妳快點『死』。每次妳有事的時候，都有人叫我與妳分手，另覓伴侶。我只會對那些人說：『以我對她的感情，還有她一直對我的栽培，『如何可以不愛她』呢？如果我這樣離開，又如何符合道義呢？』

妳知道嗎？其實我對妳也有恨的。恨妳有『不爭氣』的時候；恨妳有時做得不夠好。朋友總叫我別太上心，但愛之深，恨之切，愛恨交纏。一切只因情根深種。

今天，妳生病了，有些所謂來『保護』妳物品的人，把我都給『趕』了。

我總記得當年妳芳華正茂的時候，唱過一首迷倒不少人的歌曲。今天，由我向妳唱一遍：

『將來若，真的再有個約會，會完成，
真的會再有這樣深情，
我以天為證，跟你帶領，
我以天為證，請你帶領……』

期待，與妳再有個約會的一天。

妳的『暖男』
黃守東
2016 年 4 月 5 日」

在那段時常接受傳媒訪問的日子裏，有位記者朋友私下曾問過我當時是否有人「教」我對傳媒如何發言。我當天、現在的答案以及實際的事實亦是一樣，那時候是從來沒有人「教」我，或者說要求我於傳媒鏡頭前如何回應和要我說些什麼說話，一切都是我自己憑藉我對於公關專業的認知、形勢的掌握、事

實的依據和對於亞視的感情來回應的。如果有人認為背後是有人士操縱我於鏡頭前的說話，我這裏肯定的回答，那是從來不曾存在過的情況。

當時坊間亦有離開的同事曾評論我，認為我在如此形勢下仍替公司發言，不為同事利益。我會這樣理解，當時我亦是亞視員工之一，公司對我的發薪安排並無特別，其他同事未能取得的，我亦一樣未能取得。我當時選擇留下，我認為我需要負責任而義正辭嚴地，履行我作為公關及宣傳科主管和公司發言人的職責，而並非於工作上加入個人的情緒與涉及個人利益的感情，這些有失專業的想法在我的專業認知上是從沒一刻出現過的。

我的想法是，在我的崗位而言，只有盡我所能地協助公司解決當前的危機，才有機會讓公司覓得資金和發展機會，讓同事能夠取回應得的欠薪，而非隨便讓亞視關門，因這後果對各方持份者而言都是「輸」的局面。

我認為許多時候我們做人處事，因每人均有不同的想法與立場，我們不可能取悅到百份之一百的所有人，亦根本沒有需要取悅全部人。在我認知是，我們執行工作時，必須持有清晰的目標，堅強的毅力與執行力，不能時為其他聲音所左右，方能完成既定的工作目標。

11. 2016 年 4 月 1 日
黃守東

▲ 2016 年 4 月 2 日我於亞視停播後會見傳媒並感謝觀眾一直以來的支持。

這是讓所有亞視人刻骨銘心的一天。

當時投資者一方曾經積極希望,於 4 月 1 日前舉辦尚未舉行的《ATV 2015 亞洲小姐總決賽》,讓該年已完成中國賽區的亞姐賽事能夠完美收官,有關的舉辦日期亦有過多個說法,包括農曆新年前後、4 月 1 日及 3 月底。當然在該段日子裏形勢時刻有變,所以許多的計劃都未能成事。在 3 月初提早停播風波過去後,公司的形勢相對先前穩定,於 4 月 1 日舉辦亞姐總決賽的計劃又再提上日程,而當時有關的消息廣為傳媒關注,連帶亞姐后冠的價值亦被炒作。我所認知到的情況是,最後由於實際情況的考慮、輿論的評論以及尚未向所有同事及前同事發放先前未能如期發放的薪金等種種的原因,當時各方持份者在綜合評估後,取消舉辦有關的總決賽,致使早前流傳過於 4

▲ 2016 年 4 月 1 日出席商台《在晴朗的一天出發》節目。

月 1 日舉辦亞姐總決賽的想法未有出現。

在亞視危機的日子裏，許多朋友曾經問我，以我這樣一個對亞視充滿感情的人，晚上會否因亞視的情況而失眠。直至 3 月 31 日前我從沒出現過這情況，因當時每天的工作都教我疲憊不已，加上睡前需總結翻看當天的新聞和評估明天的情況，根本無暇多想其他事情。面對當時「步步自感一驚心」的工作，每晚睡前只會以「膽小非英雄，決不願停步」來鼓勵自己勇敢面對明天的挑戰。雖然 4 月 1 日停播的不變決定於一年前已經確定和接受，可是 3 月 31 日晚我卻完全無法入眠。回顧多年來公司對我的栽培，我於亞視一路走來的各種經歷，都教我甜在心頭，想到擁有 59 年廣播歷史的亞視將於明天結束免費電視廣播，教我如何可以安眠？

4 月 1 日早上我分別應邀到港台的《千禧年代》節目及商台的《在晴朗的一天出發》節目，與主持分享亞視的情況和我的感受。由於兩節目的直播時間相疊，而兩個節目的製作組的邀請都盛情難卻，加上我亦希望於更多平台向觀眾講述亞視的情況，故此我先出席較早時間直播的《千禧年代》一半的節目時間，其後再到《在晴朗的一天出發》出席其後半的節目。當天《千禧年代》除了邀請我出席節目外，亦邀請了另一位亞視

▲ 2016 年 4 月 1 日出席港台《千禧年代》
節目。

▲由廣州趕來支持亞視的支持者。

的同事，以普通員工的身分分享感受。在我離開《千禧年代》
節目往《在晴朗的一天出發》後，該位同事提出了當晚亞視廣
播結束前，將有一張「告別卡」與觀眾告別，這說法於當天及
後來引起了一次風波。

在我作為公司發言人的崗位上，當時情況時刻在變，我亦
未完全確切掌握停播前最後畫面安排的所有情況。按我的認知
是，如果在當時不掌握具體情況下，即使我作為公司發言人的
身分，亦不應更不能於公開節目中提出有關的情況，更遑論以
普通員工的身分提出未經公司最後確實的決定。如果當時我在
場的話，我必定會對該位同事擅自作出的說法和實際的情況作
出指正澄清，以正公眾視聽。

當天我亦接受了《香港 01》的訪問，記者事前曾聯繫我希
望以圖片故事的形式，跟進紀錄我當天全天的日程和工作，以
作紀錄式報道。我對此亦感興趣，因通過我的工作日程，可讓
亞視於當天留下另一形式的紀錄。惟最後因亞視大樓於當天不
作開放而未能成事，故有關的訪問亦改為訪問式報道。

▲ 2016 年 4 月 1 日下午舉行記者會。

　　中午我回到亞視總台，遇上數位特意由內地前來亞視門外合照留念的亞視忠實支持者，她們的支持和堅持，亦教我感動不已。下午何子慧小姐舉行了記者會，講述了當時投資者計劃亞視未來發展的方向，小吸引了大批傳媒的報道。而稍後我亦出席了葉家寶先生新書《有緣再會－我在亞視最後一年》的發布活動，希望在更多的場合中，感謝各界對亞視的支持。

　　其實當天前有多家傳媒曾邀請我於當晚到他們舉行的告別亞視節目中分享，以及迎接停播的一刻，但我認為以我當時的角色而言和我對於亞視的深厚感情，留於亞視總台迎接這一刻是最適當的。再者，當晚亦必定會有大批傳媒到場採訪守候，亦會有不少的公眾到場拍照，我還是認為即使我於亞視的工作到了最後一天，亦必須履行好照顧傳媒的責任，站好最後一班崗。

　　我是於公關及宣傳科我的辦公室中，與我最親愛的公關團隊同事，一同收看本港台最後播出的節目《Miss Asia 25th 葡萄牙瑰麗巡迴》直至廣播結束。在看到廣播結束後藍畫面的一

▲與新聞部同事攝於最後一次《夜間新聞》後。

刻，我是帶着萬般的不捨的。

在廣播結束後我最後一次以亞視發言人的身分會見了傳媒，有關的發言其實是我的句句心聲。我感謝觀眾 59 年來對亞視的支持，他們的支持成就了亞視的優秀節目；我感謝 59 年來所有亞視的員工，大家都是最優秀的傳媒人和電視從業員，大家都為亞視創下了光輝的一頁。

我以我們的經典劇集《天蠶變》主題曲的歌詞「經得起波濤，更感自傲」來勉勵當時的亞視和同事們，希望大家經歷過那時的風波後，都能更勇敢地昂首闊步走向新的一頁。同時我亦希望亞視能夠透過不同的形式，延續屬於亞視的光輝傳奇。在那次最後的發言後，我轉身步回大樓，亦終於忍不住情緒，第一次為亞視流下了眼淚。

在我個人而言，亦最要感謝傳媒朋友們多年來，尤其是亞

▲亞視停播後我最後一次以亞視發言人身分回應傳媒。

視危機以來，對我的工作一直支持。在完成工作後，我亦邀請於亞視大門外的大批記者朋友和我合照留念，和您們相處的日子和片段，都是我珍貴而美好的回憶。

　　而在4月1日亞視廣播結束後，有關由同事於早上港台《千禧年代》節目中提過的告別卡未有出現，以及本港台最後未能完整播放最後的節目《Miss Asia 25th 葡萄牙瑰麗巡迴》便告停播，引起了各方的說法與風波。當時我並沒有參與有關節目播放安排的會議與工作，最真實的情況礙於我未有第一身參與而不得而知。按我的理解認知是，有關同事提到的所謂告別卡，最後是安排於當晚的《夜間新聞》後特備環節《亞洲電視新一頁》後已經播出，內容為「亞洲衛星電視 亞洲網絡電視 開創亞洲電視新紀元」。而關於《Miss Asia 25th 葡萄牙瑰麗巡迴》未能完整播放便告停播，我於事後從相關同事的告知中了解到，當晚的節目排序曾經作出改動，而礙於當時的實際情況，未能做到最圓滿的結局，造成公眾所收看到的過程。

　　無論如何，事後我的理解認為，最後留守的同事們都已經付上了最大的心力，為亞視於免費電視廣播年代的最後日子裏，作出了他們的貢獻。

　　2016年4月1日，將永遠是讓所有亞視人刻骨銘心的一天。

CHAPTER FIVE

我與公關

——

兩位作者眼中的對方

「患難見真情」——我寫黃守東

葉家寶

　　認識黃守東（Jeff）已十年。第一次見他，是他以樹仁的暑假實習生身分來到亞視工作。從此，便展開他對亞視不離不棄的「公關歲月」。

　　當今的日子，已很難碰到一些有情有義、又有主見、又熱情投入工作的年青伙子，Jeff 可說是時下青年少見的「異類」。暑假實習結束後，有時仍見他回到亞視兼職，做一些接待記者和接待賓客的工作。總見他是勤力苦幹，又很着重公關細節的一個「小男孩」。

　　其後主管公關的 Gilbert 離開了，慢慢我便擢升他為公關主管，直接向我匯報，與他接觸的機會才緊密起來。當時公關

部只有幾位員工，卻要肩負公司形象維護、節目的宣傳活動、處理觀眾查詢及投訴及外賓到台參觀的一連串工作，可謂相當繁重。只見他帶領團隊，有條不紊，任勞任怨，有綽頭地設計活動，爭取公司及節目最佳的見報率。

他充分掌握到娛樂版傳媒及編輯的需要，盡量迎合及滿足他們，所以在亞視節目不多的時候，也常常維持有不錯的見報率。Jeff 雖然年紀輕輕，但已有豐富的公關經驗，很多時對我一些公關的想法及決定，予以中肯的意見。他並非盲目跟隨老闆或上司的決定，而會經過反覆推敲印證，或從另一個角度看公關的成果，這也是我欣賞他的地方。

直到欠薪開始第一天，我在亞視最後的 450 天，Jeff 亦是我「患難見真情」的好朋友。他並沒有選擇離開，還很多時代表公司上庭，肩負起不屬於他的工作，可見他是一個肯承擔及不斤斤計較的人，這亦是後來他被稱為「亞視暖男」的一個好例子。那段時候，我很早便上班，有時亦很遲才下班，Jeff 總在需要他的時候出現，為我預備見記者的一些細節，亦常常提醒我一些報章網媒已發的消息報道，免得記者提問時我啞口無言。總之有他在身邊，自己亦放心很多。他亦陪伴我出席大大小小的直播及不同的應酬活動，利用每個機會來傳播亞視最新的正面消息。

2015 年 12 月 24 日我離開亞洲電視，Jeff 仍不離不棄地留守到最後一刻。其後還義務為司榮彬先生的官司奔波，為他心目中認為正、認為善的人說話，這亦是他個人的堅持，更是他

「患難見真情」的另一個例證。

其後 Jeff 亦接了很多不同的公關活動，像海外樓盤展銷、義工活動、破健力士世界紀錄的千人弦樂同奏活動，以及創世電視的公關宣傳工作等，總見他都是埋頭苦幹，默默耕耘。

Jeff 亦侍母至孝，對朋友有情有義，不愛說是非，是一個不可多得的公關人才，亦是我這本書的優秀「伙伴」，期望日後可與他有更深度的合作。

我認識的葉家寶先生

黃守東

　　我對於葉家寶先生的第一個印象，是於 2008 年春天在母校樹仁大學圖書館內查看曾到亞視公關及宣傳科實習學生的實習報告中所認知的。當時我即將被學校派往亞視面試公關實習生的崗位，除了背熟了一些亞視的基本資料，例如當年近屆的亞姐三甲姓名國籍和其時亞視節目的編排外，我還特別查看了由各年實習生撰寫的報告作全面準備。在某份實習報告的描述和相片中，我認知了亞視高層葉家寶先生的樣貌和印象。

　　在亞視這個大家庭中，大家都會親切地稱呼葉先生的名字「家寶」。我與家寶的經歷，亦有着特別的巧合。當年大學畢業後，在通過與時任公關及宣傳科主管區展程先生的面試後，

家寶亦邀我到亞視再與他面談一次，並是家寶最後決定聘用我成為公關及宣傳主任。其後家寶調任不同的管理崗位，公司亦不斷給予我機會晉升，至 2014 年春天公司管理層有所變動，家寶升任執行董事並直接主管當時由我負責的公關及宣傳科，正式成為我的直屬上司。在「迎難而上」的日子裏，我亦協助家寶處理對外事務，走過我於亞視中最難忘的歲月，這也可說是冥冥中的巧合。

當時我在公司整體公關策略、大型項目及節目宣傳和其他工作事務上都與家寶緊密溝通和報告。我認識的家寶為人親切和藹，處事有條不紊，待人坦誠有禮，而且沒有管理層的架子，反而有一份平易近人的親和力，加上說話時常帶有點點幽默感，故時刻都能和各崗位的同事打成一片，這些印象我相信是所有認識家寶的「亞視人」都一致認同的。那時在亞視無論遇上投資者多麼突發的工作指示，以至形形式式的難題，有家寶的坐鎮指揮，時刻都能帶給上下同事信心去迎接挑戰。而且家寶廣結善緣，於本地傳媒關係上擁有豐富的人脈，這對亞視的公關工作有着十分大的幫助。

提到印象最深的，當然是與家寶一同迎戰亞視「迎難而上」危機，當時的危機瞬息萬變，由於家寶既是最高管理人員又是對外發言的代表，故此形勢及工作需要下我們有着密切的聯繫。記得當時我們在一天工作完結後，總會二人一起總結當天的形勢和回看當天傳媒對亞視的報道，以準備翌日可能的情況和傳媒的提問，然後再一同晚飯並討論及撰寫當天「家寶博客」需要發布的消息。那時候我曾笑言每天與家寶相處的時間，比我

與家人見面的時間更多。可是我卻完全不感覺到辛苦,反而有股為亞視作戰的使命感和自豪感。

及至協助家寶應對因亞視欠薪而令個人惹上官非的事件,多次一起出入法院、與律師商討策略、以員工身分發起聯署信支持和接待家寶邀請的名人朋友們到庭支持等等的片段,都讓我難忘。由於工作上的需要,讓我了解到許多事情的內情,惟由於涉及公司機密而不能與各位分享,但相信在我所處的崗位中的所見所知,我是較能明白家寶情況與難處的人之一。

我前面說到家寶人緣好,這裏分享一個例子讓大家明白。記得當天家寶的官司被判罪成的那一庭,到場支持的滿庭親友已把法庭擠得水洩不通,聞到法庭的判決後一時愁雲慘霧,更有不少親友不禁淚灑當場;然到法院作出判罰罰款的那一庭,滿庭的親友因獲悉法院未有作出更嚴屬的判罰後,轉憂為喜即場拍掌支持,那股震撼的掌聲讓我至今難忘。

在我於亞視的日子,家寶一直是我的好上司和好前輩,從他的言傳身教中讓我獲益良多。他除了在公事上給我指導外,在我個人的事情上亦給了不少寶貴的意見和分享。所以我在亞視這段教我畢生難忘的人生旅途上,能夠遇上家寶,是讓我獲得莫大的裨益的。

後記

「讓我攀險峰，再與天比高！」

感謝各位朋友對《我和公關有個約會》的支持。

記得我們二人執筆之初，以為撰書分享我們最熟悉的公關專業和於亞視的點滴是最容易不過的事情，可是文人提起筆來總有一股欲罷不能的衝動，愈寫下來就發現愈來愈多的人和事想記下，一時收筆竟教我們倍感失落。

文中所言俱為我們的如實感受與分享，希望大家能夠從中獲得一些公關層面上的參考意見，以及體會一眾「亞視人」當天為着力保亞洲電視的品牌所付出的努力。如蒙各位欣賞我們的拙作，稍後定必重新執筆，將更多一段段我們在亞視的經歷和背後的故事，集結成書與各位分享，與大家再來一次美好的「約會」。

我們在亞視這個大家庭分別經歷的故事，對於我們而言實在太深刻。我們相信不只我們二人，而是對於所有的「亞視人」而言，大家所經歷的故事亦將永遠昇華為一份珍貴的情感，並會是我們人生路上一份甜美而難忘的美好回憶。

在亞視年代的實戰中，我們所汲取的公關經驗和專業認知，都是社會賦予我們難能可貴的公關寶庫。在這段日子裏，我們也一直在設想如何能夠將這些公關經驗和認知回饋社會。在《我和公關有個約會》一書面世之日，我們已然再出發，並正式創立我們二人的公關顧問公司，希望憑藉我們的所知所得，為社會各界提供最合適的公關、傳媒關係、活動籌辦及項目統籌等服務，讓我們能夠將積累的所知所得，在一個新的平台與大家資源共享。

最後，再次感謝各界朋友對《我和公關有個約會》的支持，最要感謝各方好友和好同事們，願意為《我和公關有個約會》一書揮筆相助，花上您們寶貴的時間為書撰序。我們希望在很快的日子，能夠和大家在「公關」層面上「有個約會」。記得我們當天回應傳媒提問時，總喜歡用上兩句我們亞視的經典劇集主題曲以增強效果，這裏亦希望各位「亞視人」和所有的朋友們，在未來的日子裏都能夠再創巔峰，做到劇集《天蠶變》主題曲中的「讓我攀險峰，再與天比高！」

葉家寶

黃守東

2018 年 夏

我和公關有個約會

作　者：	葉家寶 黃守東
出版經理：	林瑞芳
責任編輯：	鄭樂婷
編　輯：	周宛媚
封面及美術設計：	4res
出　版：	明窗出版社
發　行：	明報出版社有限公司
	香港柴灣嘉業街 18 號
	明報工業中心 A 座 15 樓
電　話：	2595 3215
傳　真：	2898 2646
網　址：	http://books.mingpao.com/
電子郵箱：	mpp@mingpao.com
版　次：	二〇一八年七月初版
I S B N：	978-988-8525-08-9
承　印：	美雅印刷製本有限公司

© 版權所有　·　翻印必究